CROCHET with COLOR

零线头钩织的美丽配色小物

〔日〕了戒加寿子 著

王 慧 译

河南科学技术出版社

· 郑州 ·

毛线的温暖触感以及鲜艳的颜色，
具有一种能够振奋人心的魔法。
只需将少量的毛线编织在一起，
在棒针的一针一针编织下，
充满幸福感的小物件就诞生了。

Contents

Colorful motif Cap

花片拼接的帽子

彩色花片与纯白色的花样搭配，
构成了这款十分俏丽可爱的帽子。
作品为筒状，带有毛绒球，散发出一股怀旧气息。
这种用红色毛线将花片卷针缝缝合在一起，
透出红色针迹的帽子的编织技法十分高明。

How to Make ● p.50

使用毛线：●美丽诺彩虹毛线

Rose Mittens

玫瑰刺绣连指手套

这款连指手套在手背上用下针刺绣的方法绣上可爱的大朵玫瑰。
白茫茫的雪景上点缀着一朵鲜艳的花。
这种以小物件为主角的作品也很漂亮。

How to Make ● p.52

使用毛线：●美丽诺彩虹毛线、
Anchor 刺绣毛线

Lacy Stall

花朵蕾丝披肩

这款披肩尝试表现
花朵在草原盛开的情景。
无论是将披肩披在肩上
还是绕在脖子上，
都是存在感十足的。

How to Make ● p.54

使用毛线：●美丽诺彩虹毛线

MACK
LE JARDIN

Border Muffler

七彩卷边围巾

这款七彩卷边围巾虽采用简单的下针编织，
但由于色彩的巧妙组合，
给人们带来炫目的惊喜。

How to Make ● p.70

使用毛线：●美丽诺彩虹毛线

Flower Granny Bag

花漾祖母方格手拎包

浮在表面的立体花瓣使这款祖母方格手拎包看上去十分可爱。
时尚的款式，明艳的色彩，
让包包的主人回头率大升。

How to Make ● p.56

使用毛线：●美丽诺彩虹毛线

Flower Tote Bag

方形花片托特包

以灰色毛线为底色，用 3 色毛线钩织花朵，
最后用卷针缝将花片连在一起，
就完成了这款托特包。
包身容量很大，使用方便。

How to Make ● p.58

使用毛线：● 美丽诺彩虹毛线、
Anchor 刺绣毛线

Border Neck warmer

褶边彩条围脖

彩色碎丝粗花呢与单色的褶边相搭配，
仅仅是将它围在脖子上，
就能够给人带来不可思议的温暖。

How to Make ● p.60
使用毛线：● 美丽诺彩虹毛线

Dog One-piece

俏皮的狗狗连衣裙

五颜六色的身片与波浪形褶边的小裙子
使这件狗狗连衣裙十分俏丽。
最后以极富女性气息的粉色蝴蝶结作为装饰。

How to Make ● p.62

使用毛线：● 美丽诺彩虹毛线

Flower Dog Collar

狗狗花朵项圈

这款项圈带有奢华的漂亮胸花。
如果狗狗戴着它散步的话，
呢喃的吠声，
不自禁地就让周围的人羡慕起来。

How to Make ● p.64
使用毛线：● Anchor 刺绣毛线

Leg warmers

费尔岛暖腿

这款暖腿的花样纤细，为费尔岛杂色图案，
在这个季节穿着，能够勾起人们的怀旧之情。
即便是在冬季，也能让你的双腿漂漂亮亮。

How to Make ● p.66

使用毛线：● 美丽诺彩虹毛线

Mini Blanket

花片拼接迷你毯

这款毯子凸显了拼接风格，
由一块一块花片钩织组合而成。
缤纷的色彩仿佛能够让人振奋精神。

How to Make ● p.68

使用毛线：● 美丽诺彩虹毛线

Motif Coaster

花朵杯垫

想带给客人宾至如归的感觉，
就从手工杯垫开始吧。
用毛线钩织的花朵杯垫
让整张桌子繁花似锦。

How to Make ● p.74
使用毛线：● 美丽诺彩虹毛线

Dots Cushion

水珠花靠垫

这款可爱靠垫上装饰着水珠花，
灰白色的毛线荡漾在靠垫上。
另外，靠垫上绣着的小花增加了
靠垫的存在感，
也给靠垫带来了俏丽感。

How to Make ● p.71

使用毛线：● 美丽诺彩虹毛线、
Anchor 刺绣毛线

Mushroom Pincushion

蘑菇针插

这款深红色蘑菇针插形状可爱，
仿佛只有在童话故事中才会出现。
它非常适合用来收纳一些自己喜欢的
珠针、缝针等手工小物件。

How to Make ● p.72

使用毛线：● 美丽诺彩虹毛线

Papillon Broach

蝴蝶胸花

蝴蝶的颜色多样，且自在快乐地飞翔，
不论是别在衬衫上还是提包上，
都很合适。
另外，这些蝴蝶也可以将房间装饰得更加可爱。

How to Make ● p.75

使用毛线：● 美丽诺彩虹毛线

Photo frame

手工钩织的相框

这两款手工钩织相框设计朴素，用钩针编织而成，
透出浓浓的古典相框的气息。

How to Make ● p.76

使用毛线：● 美丽诺彩虹毛线

Pot stand a trivet

小屋形状的锅垫

温馨可爱的小屋形状的锅垫
给厨房带来了明媚的色彩。
看着它，
你一定可以做出美味的菜肴。

How to Make ● p.77
使用毛线：● 美丽诺彩虹毛线

Sheep Broach

小绵羊胸花

卷毛的小绵羊是圈纱与直纱的组合，
形状可爱，
配色雅致，
胸花既可爱又素雅。

How to Make ● p.81
使用毛线：● 美丽诺彩虹毛线

Bottle Cover

瓶套

简单的瓶子加上手工编织的瓶套组合
成为可爱小物件。
多彩的颜色，不同的表情，
可爱俏丽，易于区别。

How to Make ● p.78

使用毛线：● 美丽诺彩虹毛线、
Anchor 刺绣毛线

Nouveauté
La carte ECHANTILLONS
B
C
D
E

Flower Pouch

花朵小包

这款迷你小包上编织着各色可爱的小花，
拎在手上能给人带来俏丽感。
不仅如此，我们还可以将它当作小物件
用来装饰房间。

How to Make ● p.86
使用毛线：● 美丽诺彩虹毛线

Flower Pen Cover

花朵笔套

写信的时候，记日记的时候，
如果能拿着带花的圆珠笔进行书写的话，
那么写起字来不是更流利，心情不是更舒畅呢？

How to Make ● p.82

使用毛线：● 美丽诺彩虹毛线

Tablet Case

平板电脑套

这款平板电脑套是携带平板电脑的必需品。
大家一定想在平板电脑上套上自己喜欢的外套出门吧！
这款作品用的是流行的糖果色毛线，钩针编织的。

How to Make ● p.84

使用毛线：● 美丽诺彩虹毛线

Smartphone Case

超可爱的手机套

不同风格的两种款式手机套，
上面都有花朵装饰，独一无二。
鲜艳的红色搭配振奋人心的横条纹，
当作礼物送人，再合适不过了。

How to Make ● p.85

使用毛线：● 美丽诺彩虹毛线、
Anchor 刺绣毛线

Ribbon Garland

蝴蝶结花环

蝴蝶结形状的花环俏丽可爱。
从蝴蝶结背面入针刺绣出水滴形。
有了这款蝴蝶结花环的装饰，
我们的家庭聚会就能够开得开开心心，
热热闹闹了！

How to Make ● p.87

使用毛线：● 美丽诺彩虹毛线

本书作品一览

花片拼接的帽子 P.06

玫瑰刺绣连指手套 P.08

花朵蕾丝披肩 P.10

七彩卷边围巾 P.13

花漾祖母方格手拎包 P.14

方形花片托特包 P.17

褶边彩条围脖 P.18

俏皮的狗狗连衣裙 P.20

狗狗花朵项圈 P.21

费尔岛暖腿 P.22

花朵笔套（3件）

P.41

平板电脑套

P.42

超可爱的手机套（2件）

P.43

蝴蝶结花环

P.45

How to make

* * * **作品的编织方法** * * *

- 为了让编织范图更加易懂，本书中有些地方省略了加线（◁）、剪线（◀）的符号。

- 换色时，编织终点的线留线头剪断，加上新线开始编织。每两三行重复一次时，不剪线，暂时将线放在织片后面，在需要换色编织时将线拉起（纵向渡线）开始编织。

- 处理线头时，让其在反面潜在同色线的下方进行处理。

- 编织图中未注明单位的数字均以厘米（cm）为单位。

花片拼接的帽子 ●page 06

毛线 美丽诺彩虹毛线(中粗)(40g/团)原白色(143)80g，红色(10)、柠檬色(40)、绿色(59)、森林绿色(69)、天蓝色(79)、湖蓝色(80)、紫罗兰色(113)、粉色(124)各10g

针 6/0号钩针

编织密度 编织花样4.8cm(1个花样)，8.5行(边长10cm正方形)
1片花片：边长8cm的正方形

完成尺寸 头围48cm，帽深28cm

编织要点 取1根毛线编织，环形起针开始钩织花片。
- 用指定的配色钩织花片A ~ F。
- 用红色毛线卷针缝(半针)缝合花片，并卷针缝为环形。
- 从花片挑针，钩织16行编织花样。接下来钩织1行边缘编织A。
- 在花片一侧钩织1行边缘编织B。
- 将钩织好的罗纹绳穿进指定位置，并在两端缝上毛绒球。

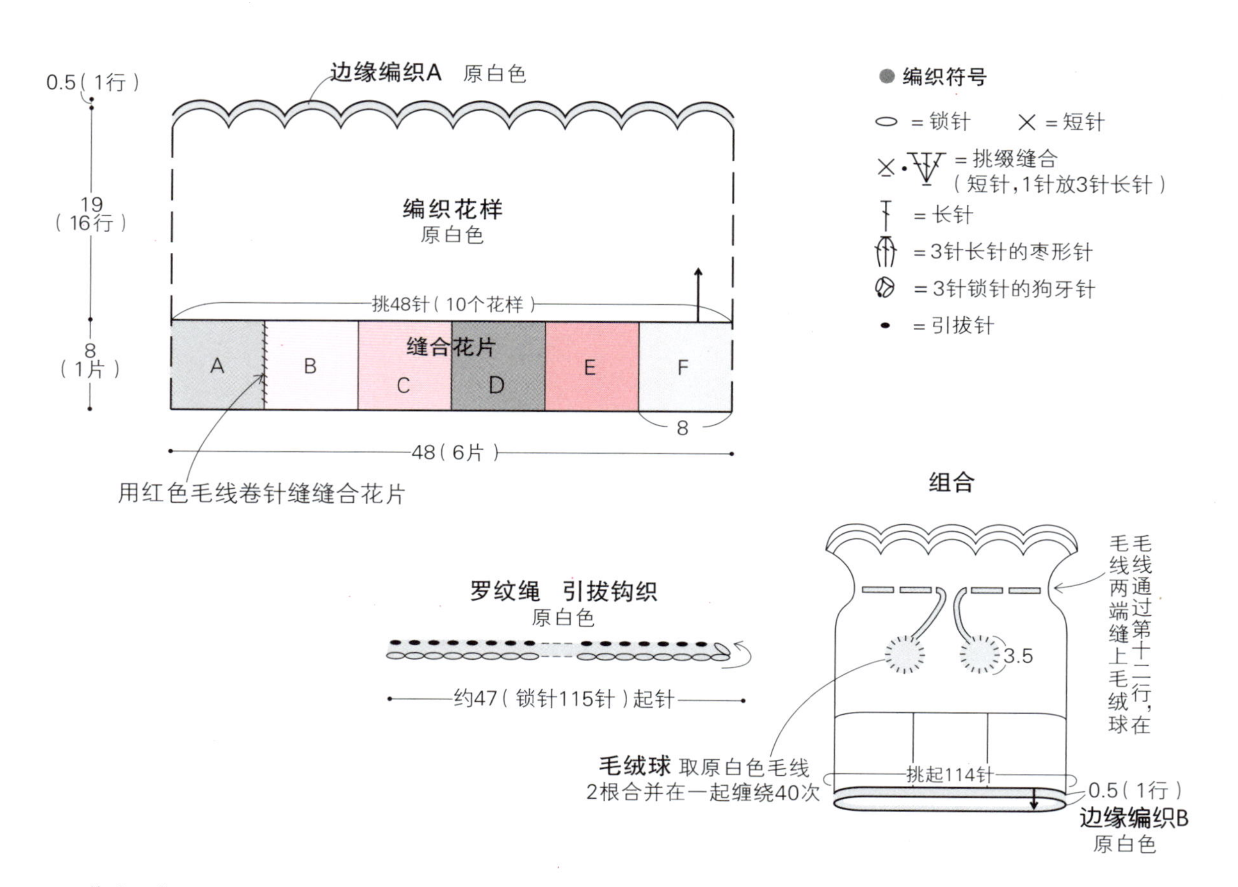

花片配色

	A	B	C	D	E	F
5行	原白色	原白色	原白色	原白色	原白色	原白色
4行	绿色	柠檬色	湖蓝色	紫罗兰色	红色	天蓝色
3行	红色	粉色	粉色	柠檬色	粉色	森林绿色
2行	粉色	天蓝色	柠檬色	粉色	绿色	柠檬色
1行	森林绿色	紫罗兰色	红色	绿色	红色	粉色

帽子的编织图

＊用指定的配色钩织花片，每一行都在•位置剪线或加线

＊从1个花样中挑针钩织边缘编织A，从1片花片中挑19针钩织边缘编织B

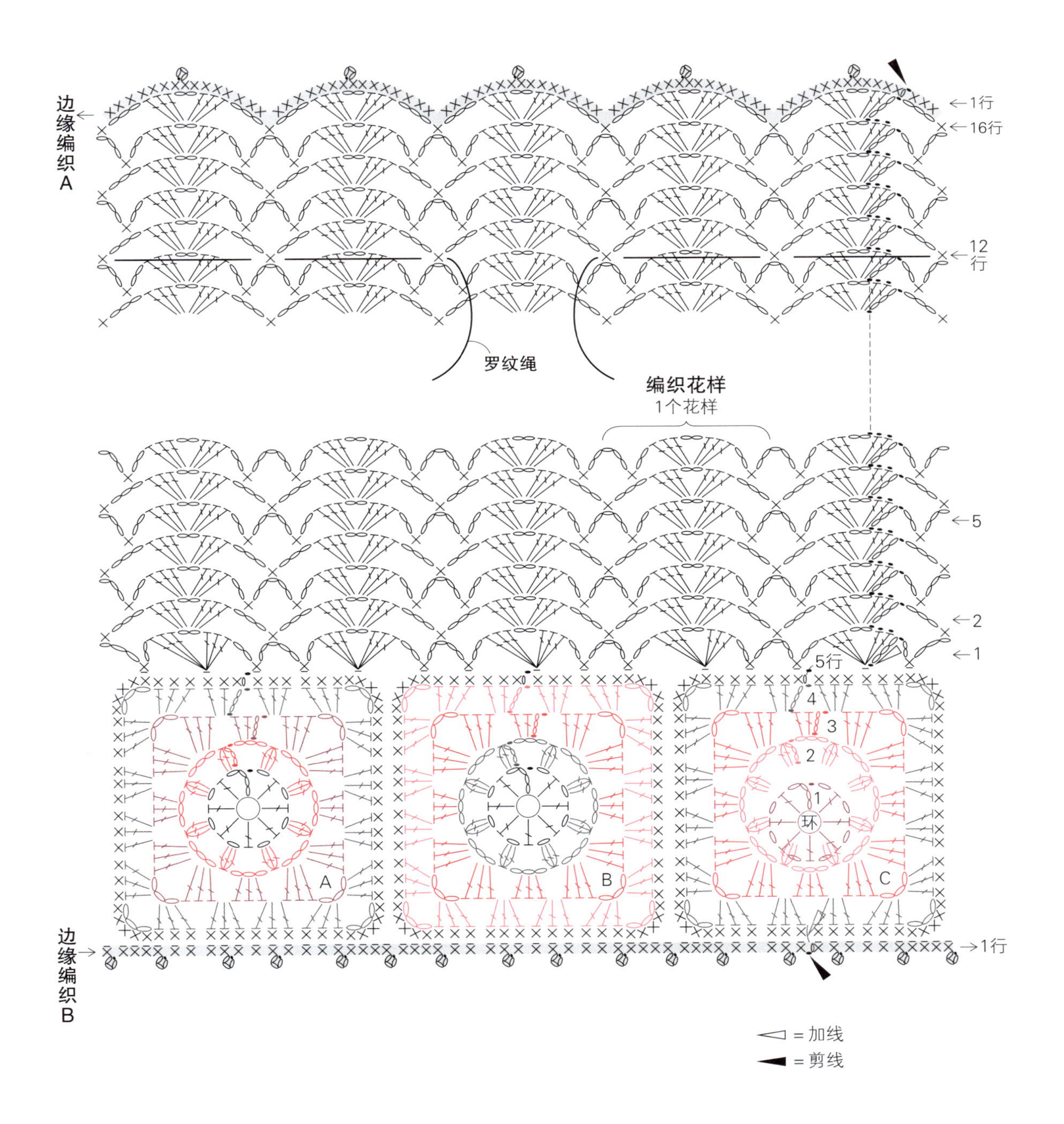

◁ = 加线

◀ = 剪线

玫瑰刺绣连指手套 ●page 08

毛线 美丽诺彩虹毛线（中粗）（40g/团）原白色（143）80g，红色（10）、蓝色（83）各少许

刺绣用毛线 Anchor 刺绣毛线 Art 4238（10m/束）红色（8200）、淡红色（8256）、深粉色（8454）、黄绿色（9116）、绿色（9118）各少许

针 5号、4号棒针各4根

编织密度 10cm×10cm 面积内：下针编织 23.5 针，33 行

完成尺寸 掌围 18cm，长 24cm

编织要点 取各色毛线，用指定的配色进行编织。

- 另线起 42 针，做成环。然后做加入花样和下针编织，在指定位置用另线编织拇指部分。
- 在右上、左上做 2 针并 1 针，编织指尖部位，编织终点休针。
- 指尖处下针钉缝。
- 一边拆开起针的另线一边挑针，编织单罗纹针，没有加针和减针。编织终点单罗纹针收针。
- 拇指抽出另线，从上下两边挑针，用下针编织做减针编织，剩余的针目穿线收紧。
- 取 1 根线在手背指定位置做下针刺绣。

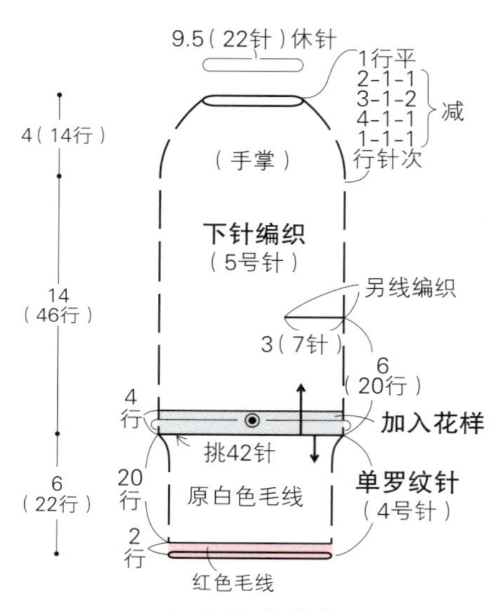

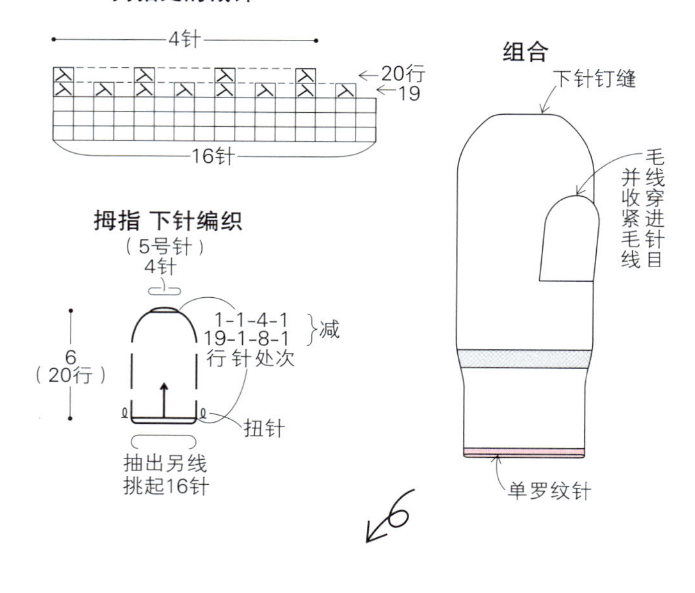

右手 （手背） 左手

下针刺绣

3针 6行 15针

4行 14行 6针

● 编织符号

□、丨 = 下针

入 = 右上2针并1针

人 = 左上2针并1针

ℓ = 扭针

右手的编织图

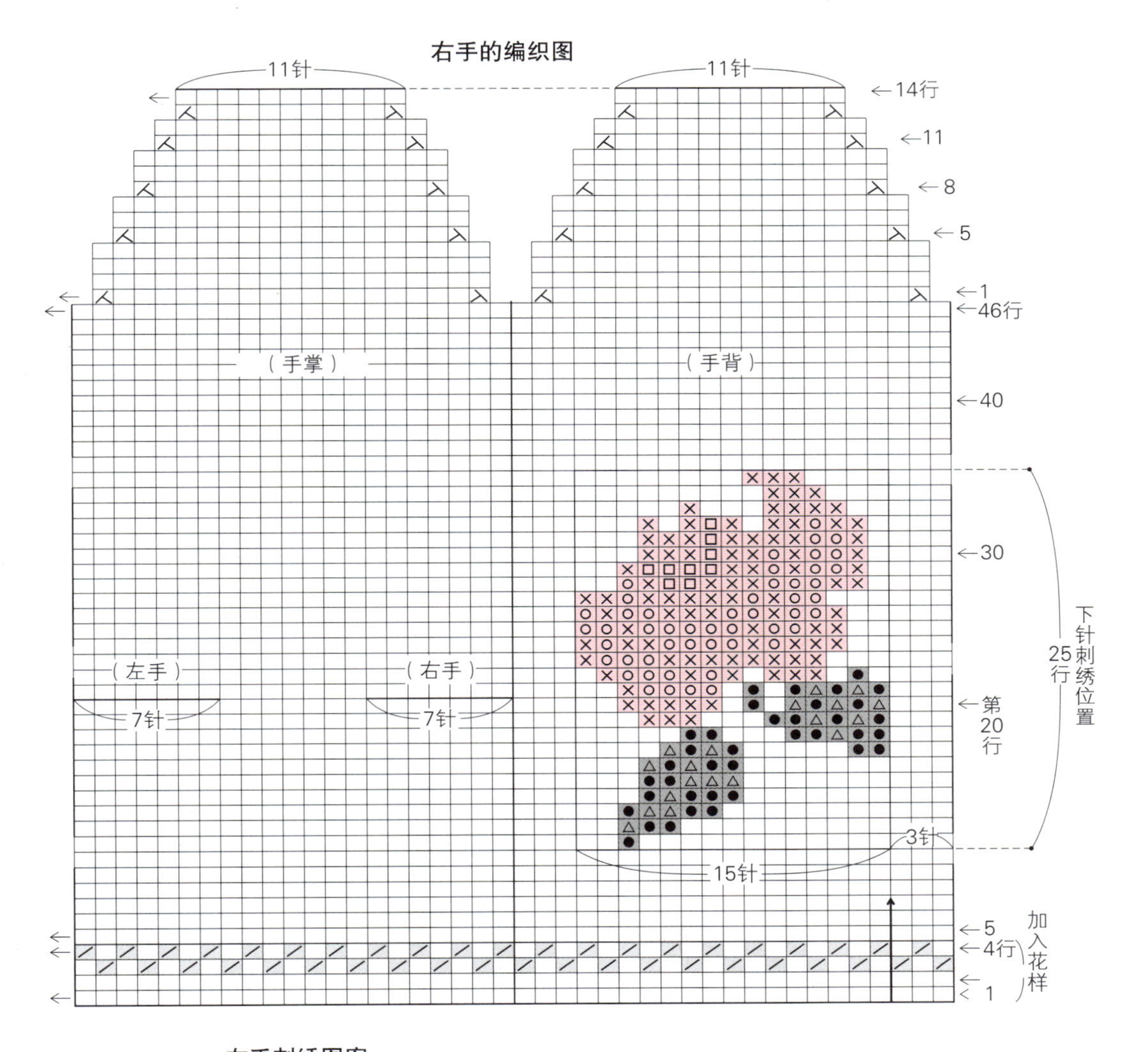

左手刺绣图案

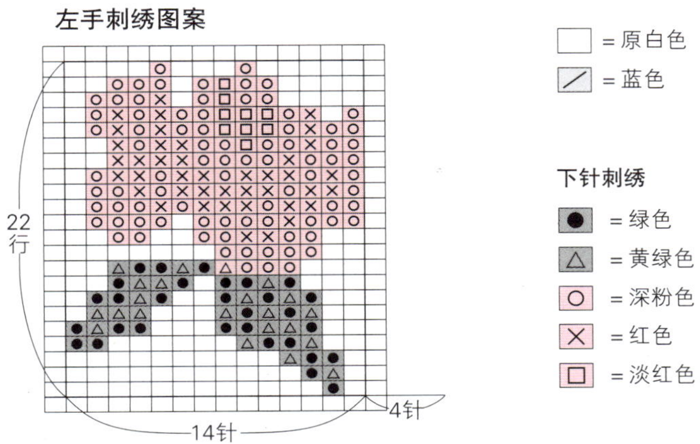

□ = 原白色

▨ = 蓝色

下针刺绣

● = 绿色

△ = 黄绿色

○ = 深粉色

× = 红色

□ = 淡红色

花朵蕾丝披肩 ●page 10

毛线 美丽诺彩虹毛线（中粗）（40g/团）嫩草色（55）100g，粉色（124）35g，浅粉色（2）、黄色（46）、薄荷蓝色（73）、天蓝色（79）、薰衣草色（112）、原白色（143）各25g，红色（10）20g，金黄色（15）、蓝绿色（75）、蓝色（84）、紫罗兰色（113）各10g

针 6/0号钩针

编织密度 1片花片直径11cm

完成尺寸 122cm×50cm

编织要点 取1根毛线，花片A～G用指定配色钩织需要的片数。

- 钩织花片。每钩织1片，就将线头藏在反面的针目里，以此方法处理线头。
- 从第2片引拔连接相邻的花片。
- 连接所有花片，做1圈边缘编织并整理好形状。

花片编织图

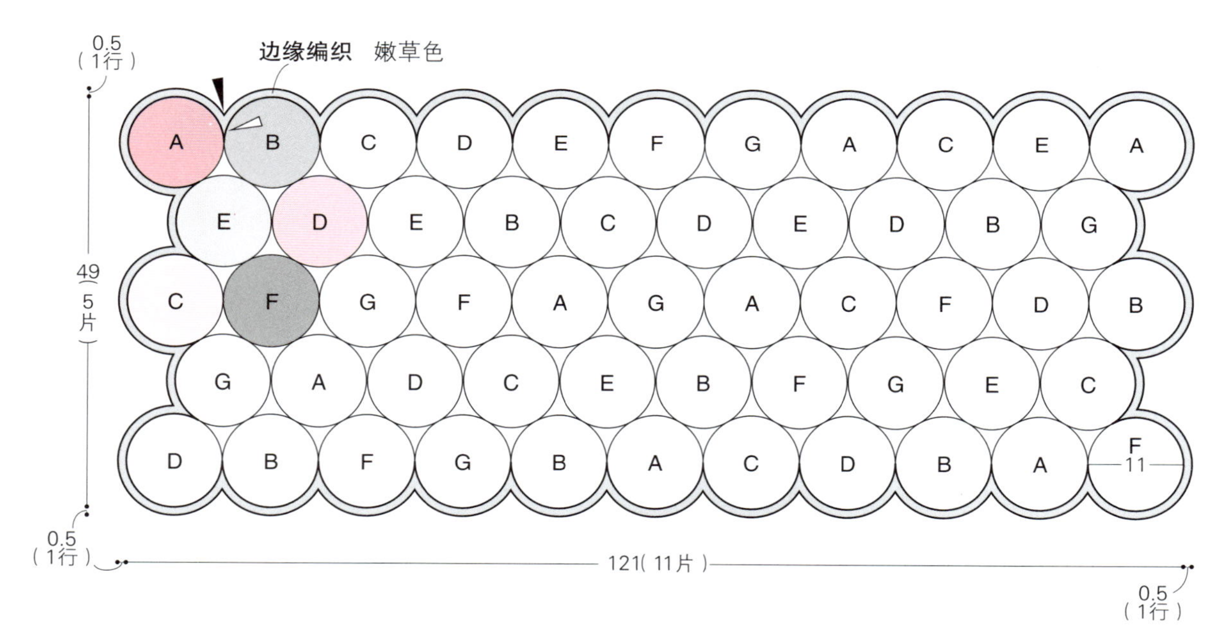

花片配色与编织片数

	A 8片	B 8片	C 8片	D 8片	E 7片	F 7片	G 7片
3行	嫩草色	嫩草色	嫩草色	嫩草色	嫩草色	嫩草色	嫩草色
2行	粉色	天蓝色	黄色	浅粉色	薄荷蓝色	薰衣草色	原白色
1行	红色	蓝色	金黄色	红色	蓝绿色	紫罗兰色	粉色

花片编织和连接方法及边缘编织

● 编织符号

○ = 锁针

× = 短针

长长针符号 = 长长针

3针长长针的枣形针符号 = 3针长长针的枣形针

• = 引拔针

花漾祖母方格手拎包 ●page 14

毛线 美丽诺彩虹毛线（中粗）（40g/团）天蓝色（79）65g，红色（10）55g，绿色（59）45g，黄色（46）25g

针 6/0号钩针

编织密度 花片，边长8.5cm的正方形

完成尺寸 底部宽36cm，高25cm

编织要点 取1根毛线钩织。

- 环形起针，用指定配色钩织花片。每钩织1片，就将线头穿进反面的针目里，以此方法处理线头。
- 钩织17片花片，按照编织图示用卷针缝连接花片。
- 在包口处做1圈边缘编织，整理好形状。
- 钩织提手，并将提手缝合在指定的位置上。

花片编织图

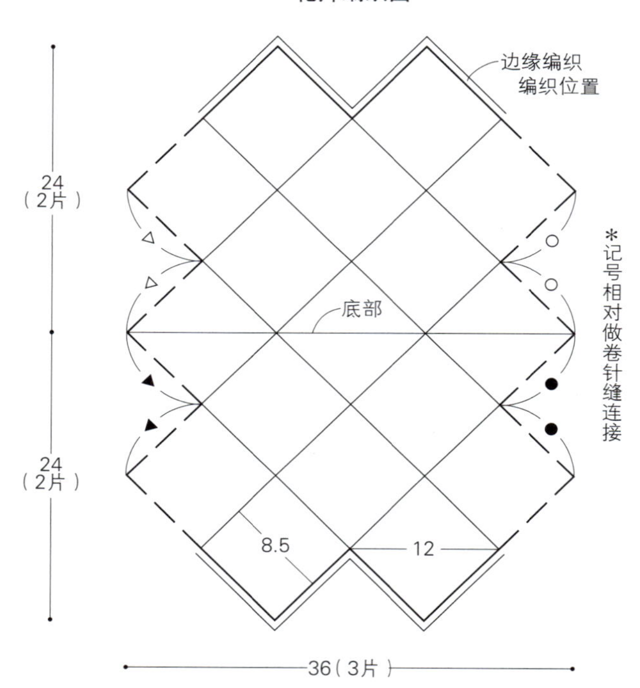

● 编织符号

- ○ = 锁针
- × = 短针
- = 反拉针（短针）
- = 3针短针并1针
- = 中长针
- = 长针
- = 3针长针的枣形针
- = 3针锁针的狗牙针
- • = 引拔针
- ◁ = 加线
- ◀ = 剪线

提手 天蓝色 2根

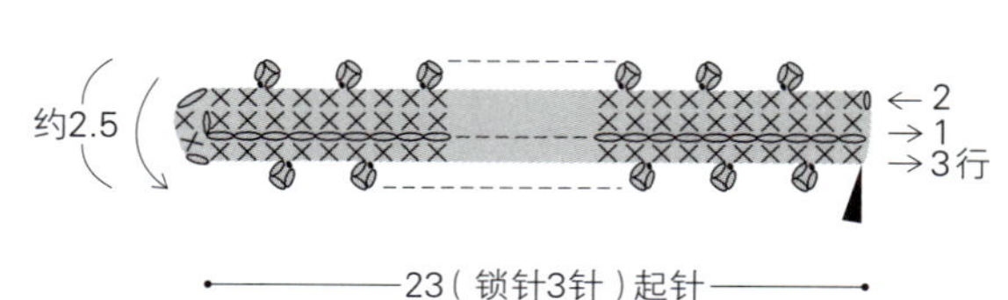

组合

提手

边缘编织
天蓝色
1（1行）

将提手两端约2cm处缝在包的内侧

花片的缝合方法及边缘编织

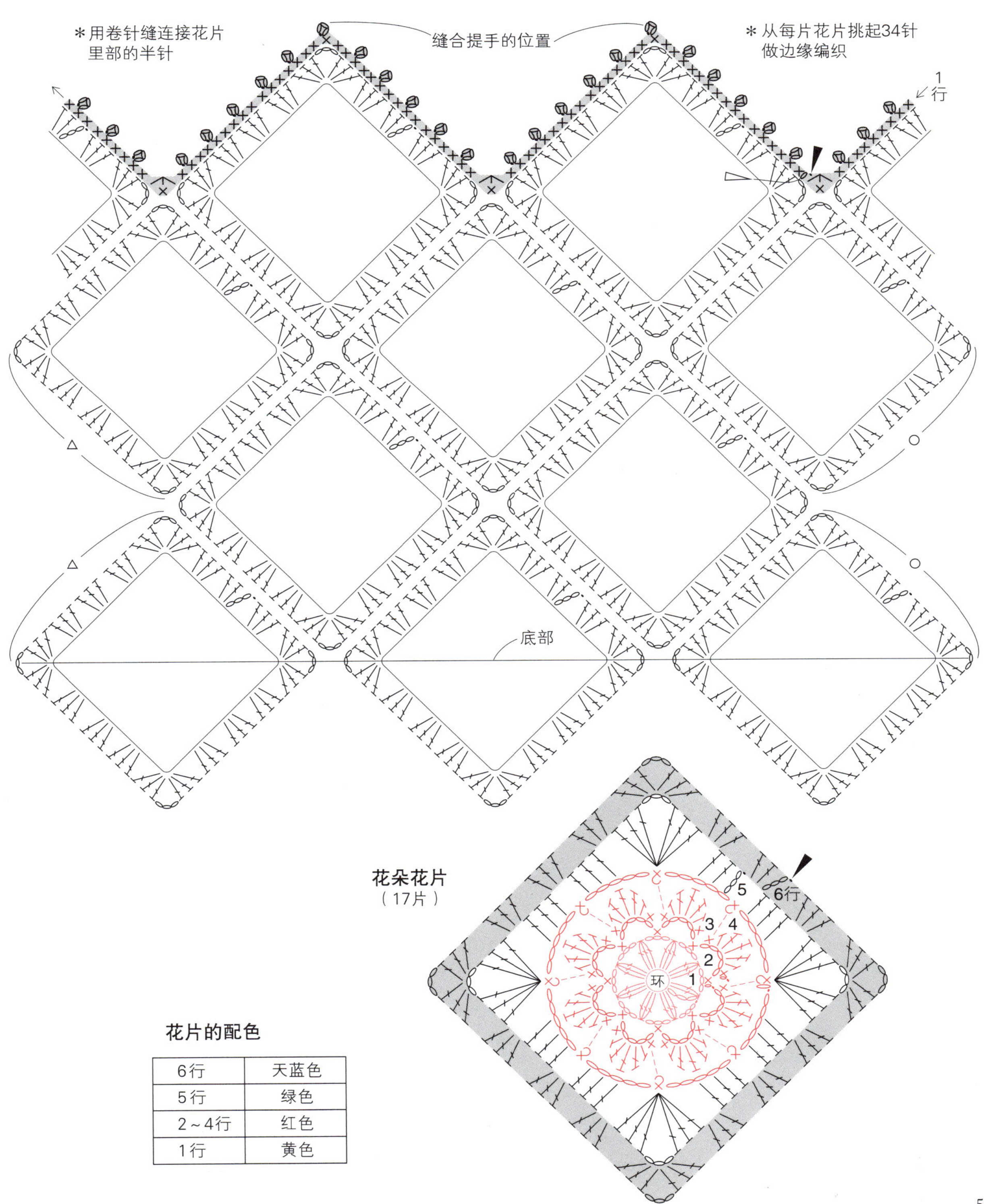

花片的配色

6行	天蓝色
5行	绿色
2～4行	红色
1行	黄色

方形花片托特包 ● page 17

毛线 美丽诺彩虹毛线（中粗）（40g/团）灰色（147）100g，深橙色（17）、嫩草色（55）各8g，红色（10）少许

Anchor 刺绣毛线 Art 4238（10m/束）深黄色（8116）、红色（8200）、湖蓝色（8808）、黄绿色（9116）各2束，奶白色（8092）、桃红色（8434）、粉色（8452）、深粉色（8452）、洋红色（8456）、浅红紫色（8486）、薰衣草色（8588）、紫色（8590）、天蓝色（8806）、薄荷绿色（8934）各1束，樱花色（8432）、薄荷蓝色（8804）、柠檬色（9282）各半束

针 6/0号钩针

编织密度 花片，边长7.5cm的正方形

完成尺寸 宽22.5cm，高23.5cm，侧宽7.5cm

编织要点 取1根毛线，环形起针开始钩织花片。

- 用指定的配色线各钩织3片花片。每钩织1片花片就将毛线头塞进反面的针目内，以此方法处理线头。
- 如图所示用卷针缝连接花片（半针）。注意：4片花片连接的中间位置不要留出毛线孔，要拉紧。
- 做1圈边缘编织，整理包口的形状。
- 钩织提手，并将提手缝合在指定的位置上。

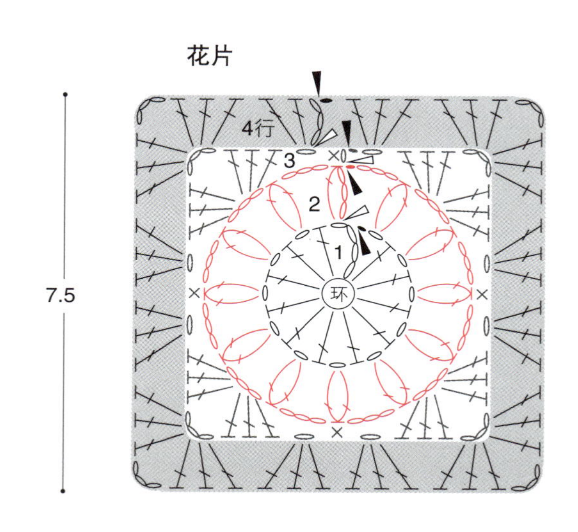

● 编织符号

- ○ = 锁针
- × = 短针
- 长针符号 = 长针
- 枣形针符号 = 2针长针的枣形针
- 狗牙针符号 = 3针锁针的狗牙针
- • = 引拔针
- ◁ = 加线
- ◀ = 剪线

花片的配色 ＊每一种配色的花片各钩织3片

A	
4行	灰色
3行	洋红色
2行	深黄色
1行	黄绿色

B	
4行	灰色
3行	天蓝色
2行	浅红紫色
1行	红色

C	
4行	灰色
3行	桃红色
2行	湖蓝色
1行	薄荷蓝色

D	
4行	灰色
3行	深橙色
2行	嫩草色
1行	红色

E	
4行	灰色
3行	粉色
2行	红色
1行	柠檬色

F	
4行	灰色
3行	奶白色
2行	紫色
1行	樱花色

G	
4行	灰色
3行	红色
2行	薰衣草色
1行	湖蓝色

H	
4行	灰色
3行	黄绿色
2行	深粉色
1行	深黄色

I	
4行	灰色
3行	薄荷绿色
2行	湖蓝色
1行	深黄色

花片连接图 ＊记号相对，用灰色毛线做卷针缝（半针）将花片连接

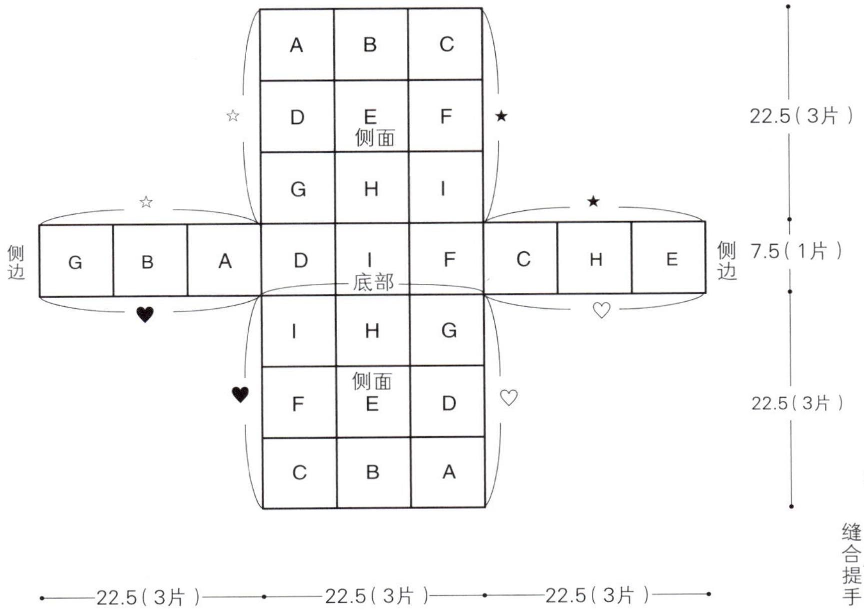

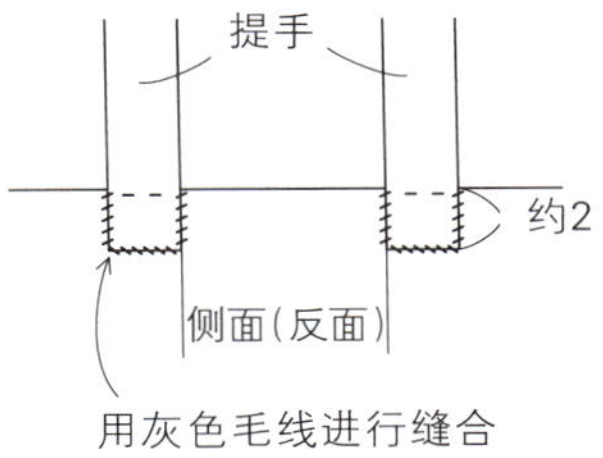

组合

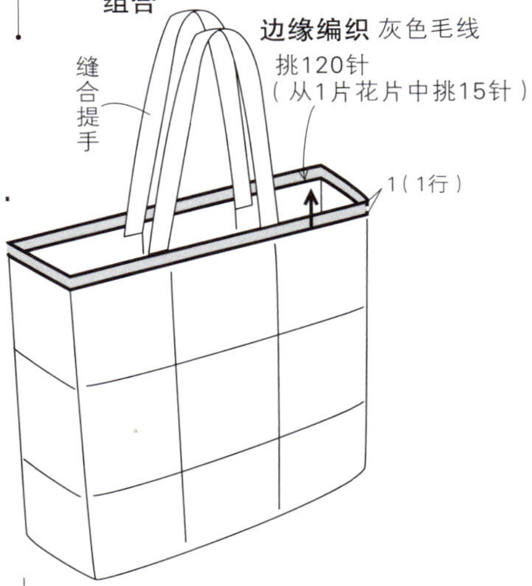

提手 灰色毛线 2根

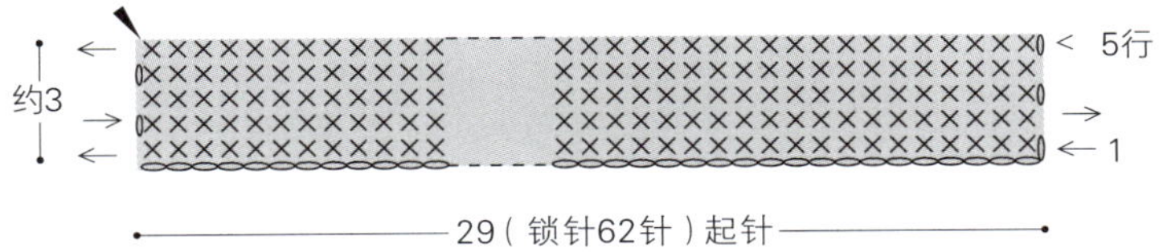

边缘编织图

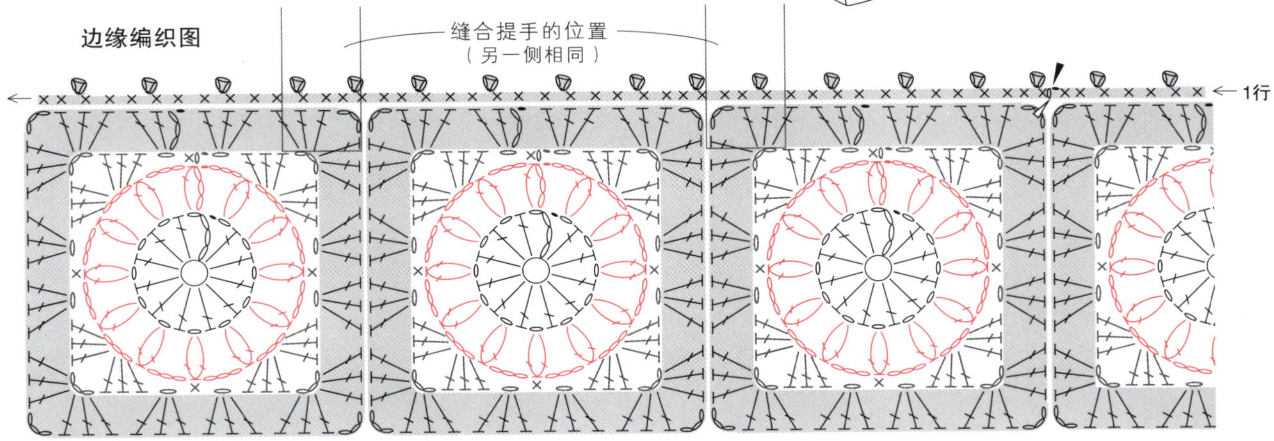

褶边彩条围脖 ●page 18

毛线 美丽诺彩虹毛线（中粗）(30g/团）灰色毛线（999）50g
美丽诺彩虹毛线（中粗）(40g/团），浅茶色（28）、芥末色（47）、卡其色（56）、天蓝色（79）、葡萄色（121）、粉色（124）、摩卡茶色（129）、灰色（147）各5g
针 7号、8号棒针各2根，7/0号钩针

编织密度 10cm×10cm面积内：下针编织19.5针，28行
完成尺寸 领围约56cm，长20.5cm
编织要点 取1根毛线编织。
- 手指起针110针，用指定配色的毛线编织32行下针条纹针，不需要加减针。
- 编织双罗纹针，但是第1行编织要减少至98针。第3行要留出罗纹绳孔，再编织12行，不需要加减针，编织终点做下针伏针收针。
- 从起针处挑针，同样不加减针编织14行双罗纹针，最后做下针伏针收针。
- 挑缀缝合后中间的位置，连成环形。锁针钩织罗纹绳并穿进指定位置，将毛绒球缝合在罗纹绳两端，整理形状。

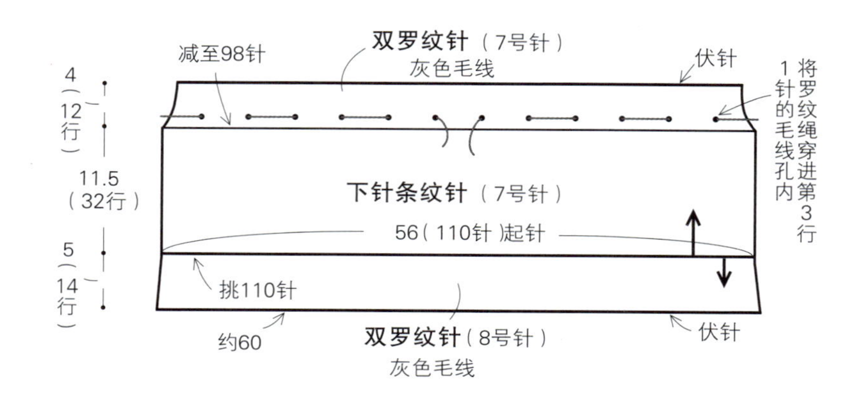

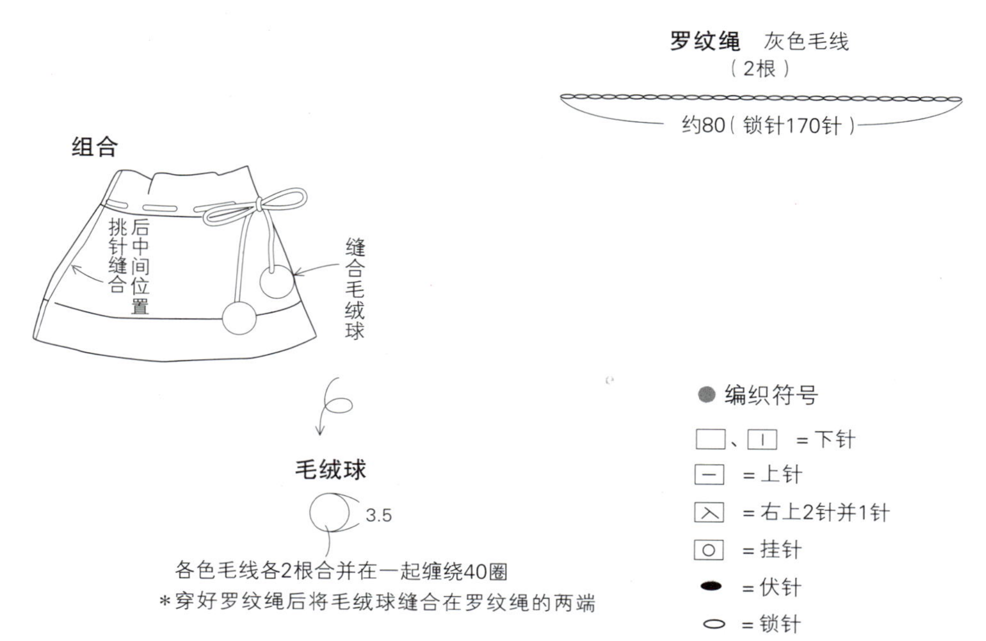

编织图与穿罗纹绳的方法

*用灰色毛线编织指定以外的位置，从前中间开始双罗纹针减针，注意左右对称，共减12针

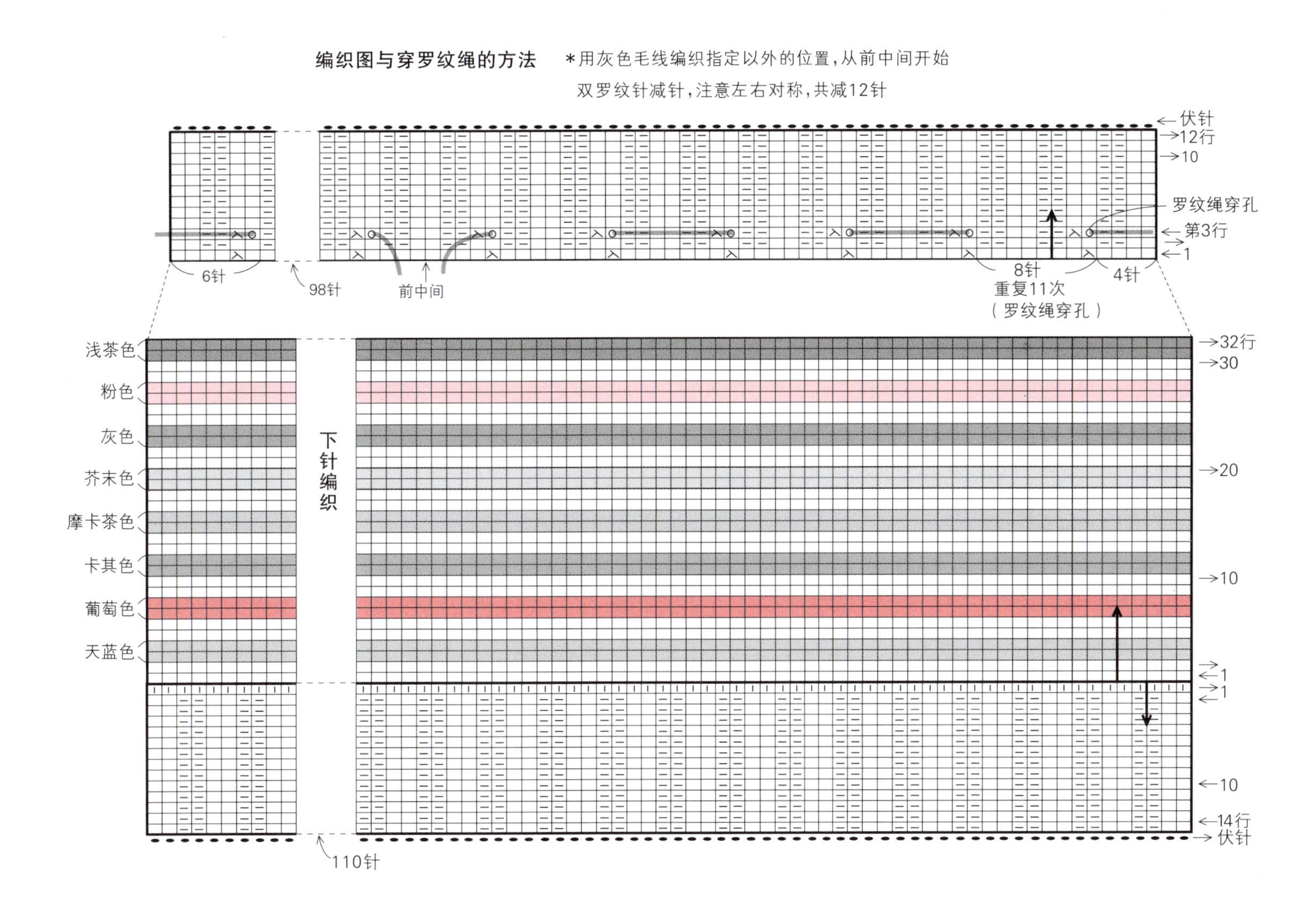

俏皮的狗狗连衣裙 ●page 20

毛线 美丽诺彩虹毛线（中粗）（30g/团）灰色毛线（999）50g，美丽诺彩虹毛线（中粗）（40g/团）粉色（124）20g，浅茶色（28）、芥末色（47）、卡其色（56）、天蓝色（79）、葡萄色（121）、摩卡茶色（129）、灰色（147）各8g

针 12号、10号、8号、6号、4号棒针各4根，7号棒针2根，6/0号钩针

编织密度 10cm×10cm面积内：下针条纹编织，22针，27行
单罗纹针条纹，22.5针，27行

完成尺寸 体围35cm，裙后长31cm

编织要点 取各色毛线，手指起针开始编织。

- 编织上身片、下裙。起针为106针，无需加减针做下针编织，最后一行做2针并1针减针。
- 编织后身片。第一行将上身片、下裙叠放在一起编织2针并挑起53针。开口处绣上印记并用指定的配色线编织38行。用2针并1针编织肩部，休针。
- 编织前身片。起25针，用指定配色毛线编织68行单罗纹针，无需做加减针，最后休针。
- 挑缀缝合肩部。从前、后身片分别挑针，用指定的针编织28行单罗纹针，环形编织。最后以单罗纹针收针。
- 挑缀缝合胁部，用边缘编织编织上、下裙的裙摆，并整理形状。
- 如图所示，做毛绒球，并将其缝合在指定的位置。

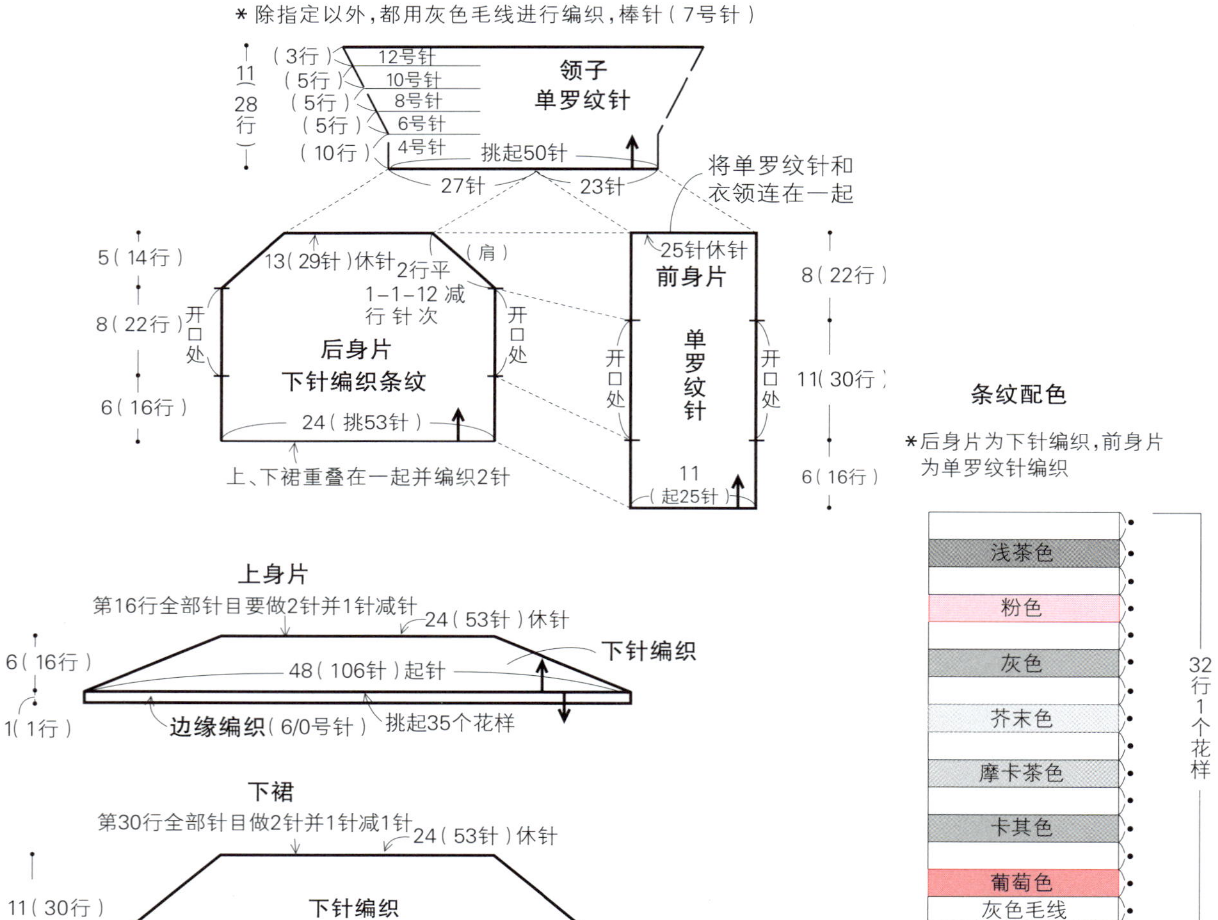

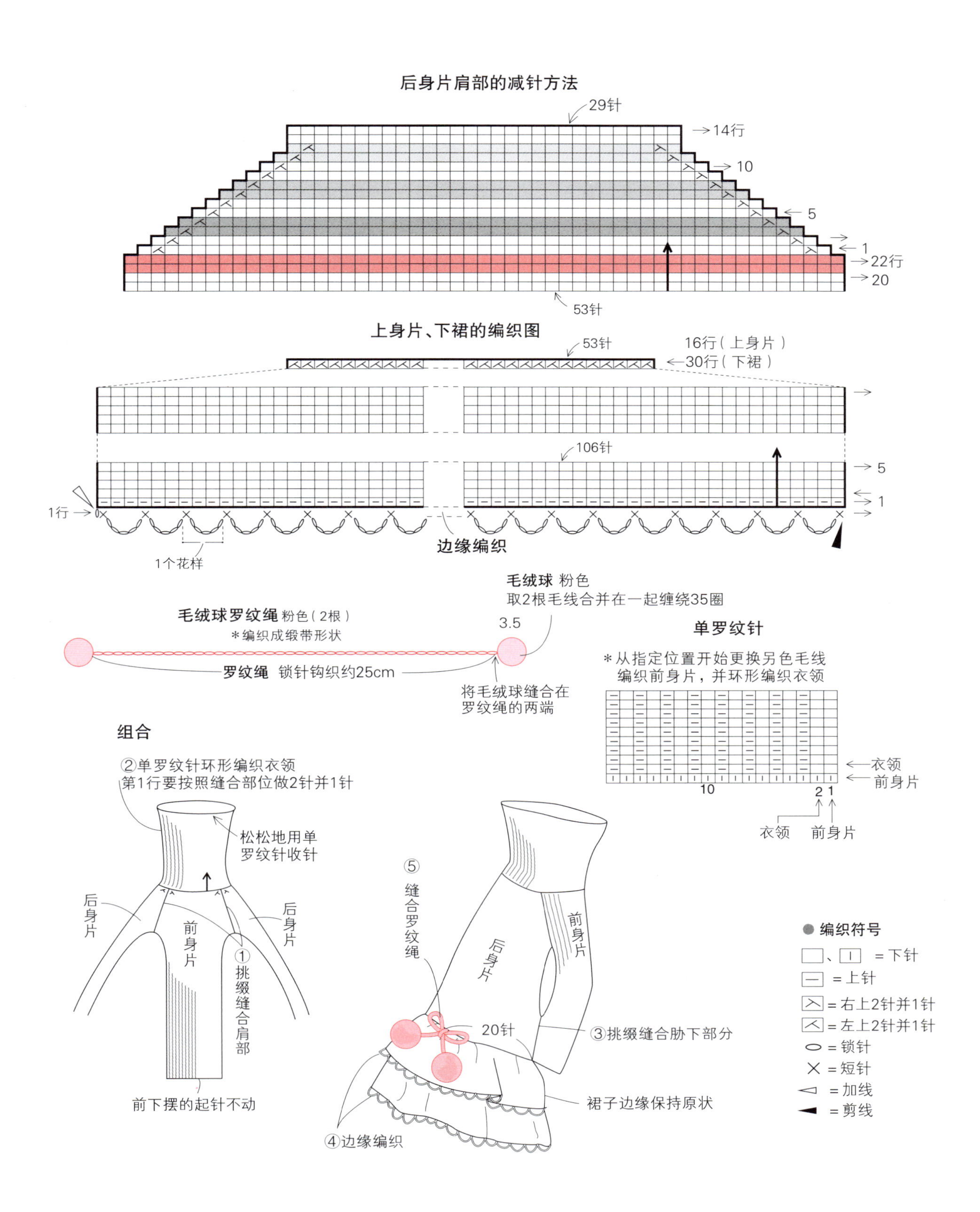

后身片肩部的减针方法
29针
14行
10
5
1
22行
20
53针
上身片、下裙的编织图
53针
16行（上身片）
30行（下裙）
106针
5
1
1行
1个花样
边缘编织
毛绒球 粉色
取2根毛线合并在一起缠绕35圈
毛绒球罗纹绳 粉色（2根）
＊编织成缎带形状
3.5
罗纹绳 锁针钩织约25cm
将毛绒球缝合在
罗纹绳的两端
单罗纹针
＊从指定位置开始更换另色毛线
编织前身片，并环形编织衣领
衣领
前身片
10
2 1
衣领
前身片
组合
②单罗纹针环形编织衣领
第1行要按照缝合部位做2针并1针
松松地用单
罗纹针收针
后身片
前身片
后身片
①挑缀缝合肩部
前下摆的起针不动
⑤缝合罗纹绳
后身片
前身片
20针
③挑缀缝合肋下部分
裙子边缘保持原状
④边缘编织
编织符号
、 = 下针
= 上针
= 右上2针并1针
= 左上2针并1针
= 锁针
= 短针
= 加线
= 剪线

狗狗花朵项圈 ●page 21

毛线 Anchor 刺绣毛线 Art4238（10m/ 束）洋红色（8456）、薄荷蓝色（8804）各 1.5 束，粉色（8452）1 束，樱花色（8432）、绿色（9118）各 0.5 束，柠檬色（9282）少许

其他 1.5cm 宽的皮带扣 1 组，1.5cm 宽 D 形环 1 个

针 6/0、5/0 号钩针

完成尺寸 参照图示（作品的颈围 20 ~ 21cm）

编织要点 取 1 根毛线，用钩针起针钩织。项圈长度要根据狗狗脖子的粗细进行调节。

- 钩织项圈。起 4 针锁针并重复钩织长针和锁针。（从颈围开始拉出的项圈尺寸为◉的钩织行数。）
- 参照图示，将皮带扣和 D 形环缝合在项圈上。
- 钩织花朵。起 12 针锁针，从外层的大花瓣开始按照顺序钩织花瓣，直至到达花蕊处。
- 从内侧的花蕊开始卷起，注意整理好形状再进行缝合。
- 如图所示钩织叶子部分，并将叶子和花朵缝合在项圈上。

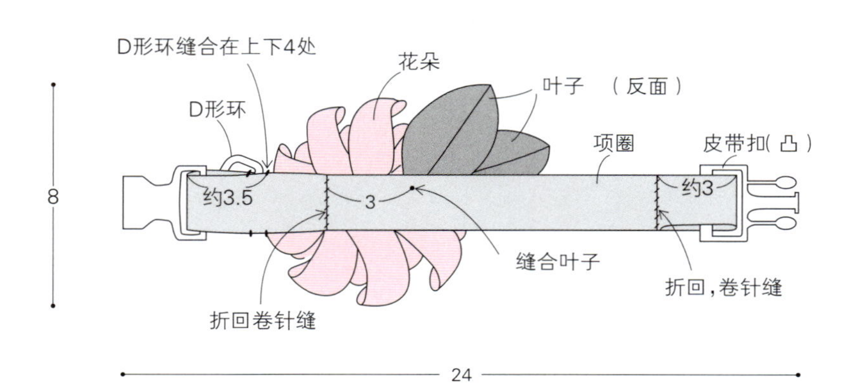

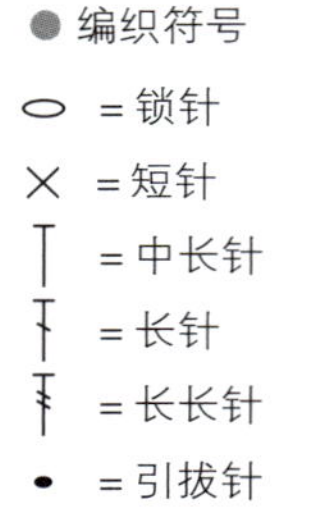

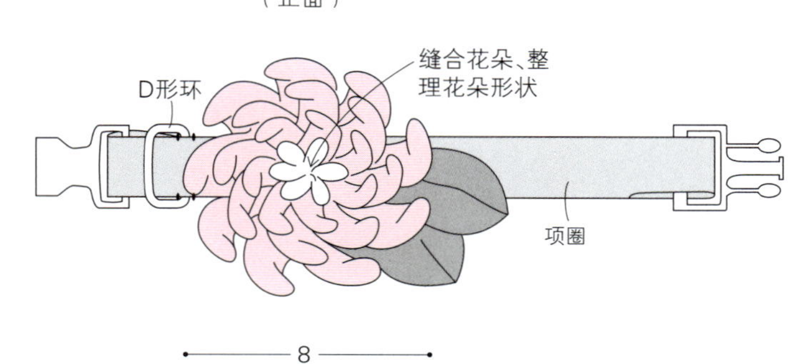

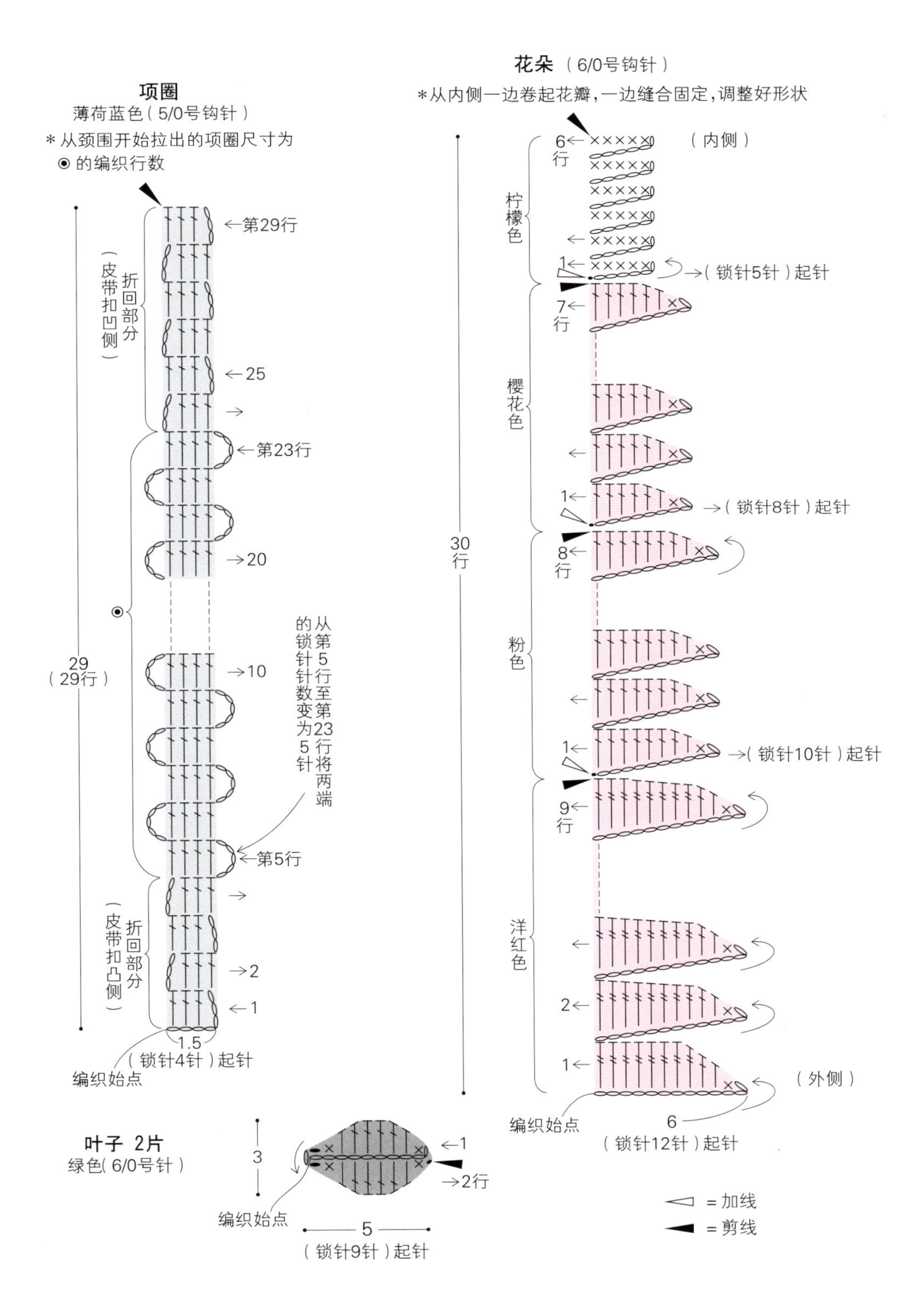

项圈
薄荷蓝色（5/0号钩针）
＊从颈围开始拉出的项圈尺寸为
◉的编织行数
←第29行
（皮带扣凹侧）
折回部分
←25
→
←第23行
→20
◉
29
（29行）
从第5行至第23行将两端的锁针针数变为5针
→10
←第5行
→
（皮带扣凸侧）
折回部分
→2
←1
1.5
（锁针4针）起针
编织始点
花朵（6/0号钩针）
＊从内侧一边卷起花瓣，一边缝合固定，调整好形状
6行
（内侧）
柠檬色
→（锁针5针）起针
7行
樱花色
→（锁针8针）起针
30行
8行
粉色
→（锁针10针）起针
9行
洋红色
2←
1←
（外侧）
编织始点
6
（锁针12针）起针
= 加线
= 剪线
叶子 2片
绿色（6/0号钩针）
3
←1
→2行
编织始点
5
（锁针9针）起针

费尔岛暖腿 ●page 22

毛线 美丽诺彩虹毛线（中粗）（40g/团）灰白色（143）100g，红色（10）40g，粉色（124）10g，湖蓝绿色（74）少许

针 4号、3号棒针各4根

编织密度 10cm×10cm面积内：加入花样2.5针，30行

完成尺寸 参照图示

编织要点 取1根毛线，用指定的配色毛线进行编织。

- 另线起针72针，环形编织，无需加减针编织90行花样。
- 继续编织10行单罗纹针，编织终点用单罗纹针收针。
- 拆开另线起针，挑针环形编织单罗纹针，编织10行后，用单罗纹针收针。

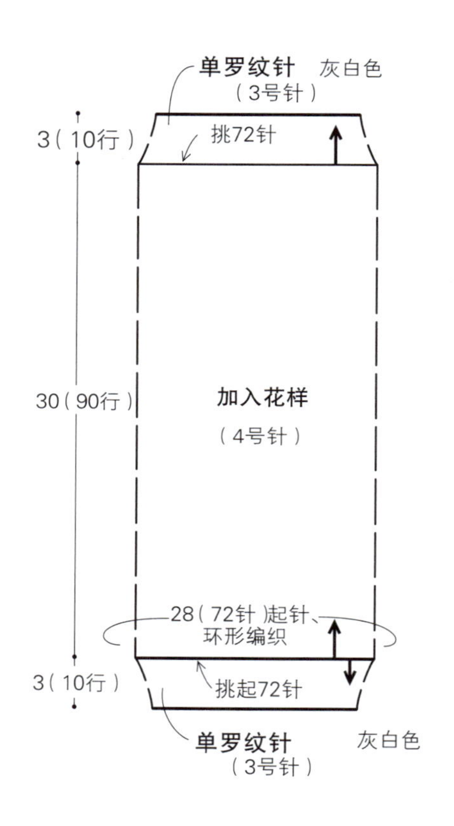

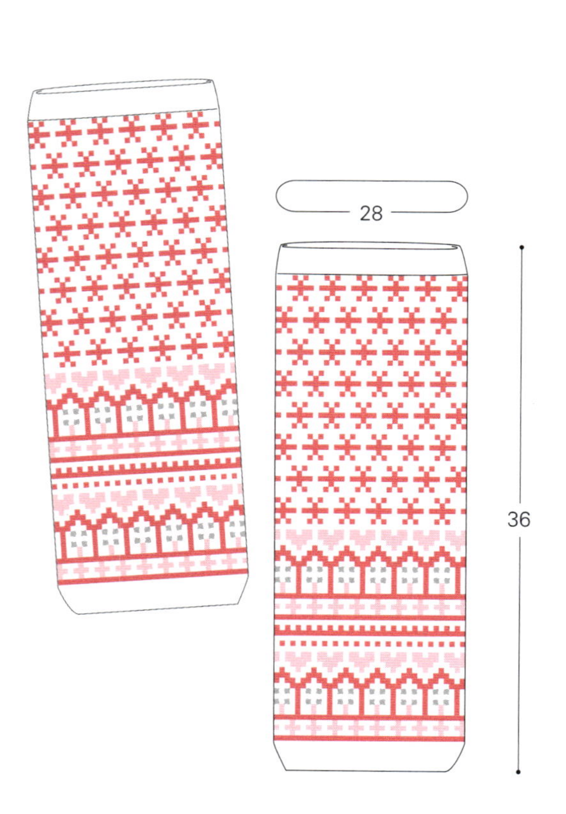

编织图

＊参照图示，环形编织
单罗纹针编织终点也是以单罗纹针收针

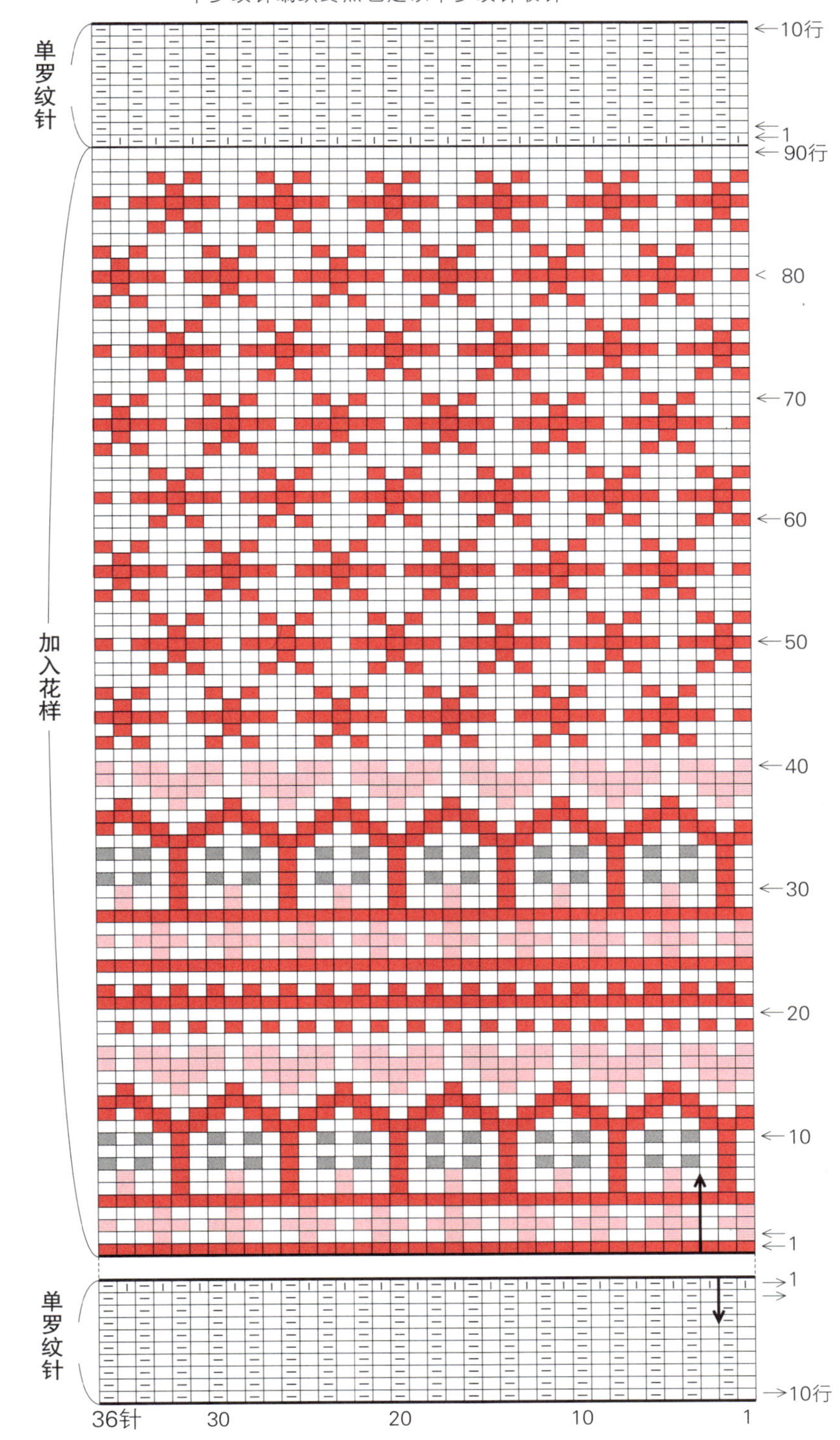

● 编织符号

□、| = 下针

– = 上针

配色

□ = 灰白色

■ = 红色

■ = 粉色

■ = 湖蓝绿色

花片拼接迷你毯 ●page 24

毛线 美丽诺彩虹毛线（中粗）（40g/ 团）红色（10）150g，天蓝色（79）60g，浅粉色（2）、灰白色（143）各 55g，橙色（16）、黄色（46）、紫罗兰色（113）、浅灰色（146）各 50g，蓝色（84）45g，牛奶咖啡色（27）、绿色（59）、祖母绿色（70）各 40g，湖蓝色（80）、粉色（124）各 35g，蓝色（83）、红紫色（125）、胭脂色（126）各 30g，淡粉色（3）、金黄色（15）、湖蓝绿色（74）各 25g，嫩草色（55）、卡其色（56）各 20g，薰衣草色（112）15g，浅紫色（118）8g

针 6/0 号钩针

编织密度 花片，边长 6cm 的正方形

完成尺寸 85cm×79cm

编织要点 取 1 根毛线，环形起针开始钩织花片。

- 分别钩织指定数目的花片 A ~ X。每钩织 1 片就将毛线头塞进反面的针目里，以此方式处理线头。
- 参照图示按照横向和纵向的顺序用卷针缝连接花片（半针）。将任意相邻花片最终行的毛线作为连接毛线。（4 花片连接在一起的中间位置不要留出空隙，将毛线拉紧。）
- 周围钩织 4 圈边缘编织，整理作品的形状。

花片配色与片数

花片	颜色（编号）	花片数
A	蓝色（84）	8
B	牛奶咖啡色（27）	7
C	祖母绿色（70）	7
D	浅粉色（2）	10
E	紫罗兰色（113）	9
F	天蓝色（79）	11
G	红色（10）	13
H	绿色（59）	7
I	黄色（46）	9
J	橙色（16）	9
K	卡其色（56）	3
L	灰白色（143）	10
M	淡灰色（146）	9
N	红紫色（125）	5
O	嫩草色（55）	3
P	蓝色（83）	5
Q	粉色（124）	6
R	湖蓝色（80）	6
S	淡粉色（3）	4
T	胭脂色（126）	5
U	薰衣草色（112）	2
V	浅紫色（118）	1
W	金黄色（15）	3
X	湖蓝绿色（74）	4

花片

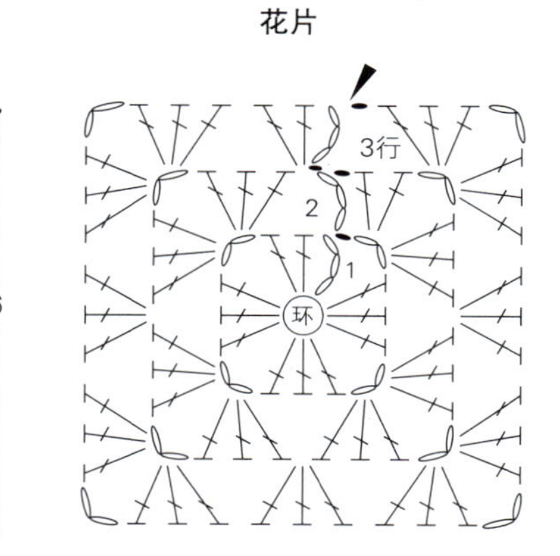

● 编织符号

- ○ = 锁针
- ⫯ = 长针
- • = 引拔针
- ◀ = 剪线
- ◁ = 加线

花片编织图及边缘编织

边缘编织 红色

3.5（4行）

72（12片）

3.5（4行）

A	B	C	D	E	F	G	E	H	D	A	G	I
J	K	L	M	N	O	I	M	J	P	L	F	Q
R	G	N	F	S	L	A	F	G	Q	J	T	M
U	F	H	I	G	E	V	K	B	H	E	D	G
W	T	L	A	B	W	R	D	P	I	M	B	C
G	X	D	R	M	C	G	S	T	F	X	S	L
I	M	J	H	E	D	F	A	L	O	D	P	K
B	C	F	B	L	T	I	J	E	G	U	N	A
N	L	G	J	O	Q	X	M	R	J	C	F	X
J	A	Q	R	M	F	A	D	H	N	L	G	I
E	D	I	F	C	L	G	E	I	S	R	Q	M
P	H	E	G	Q	W	H	B	P	T	D	C	J

3.5（4行）　78（13片）　3.5（4行）

边缘编织图

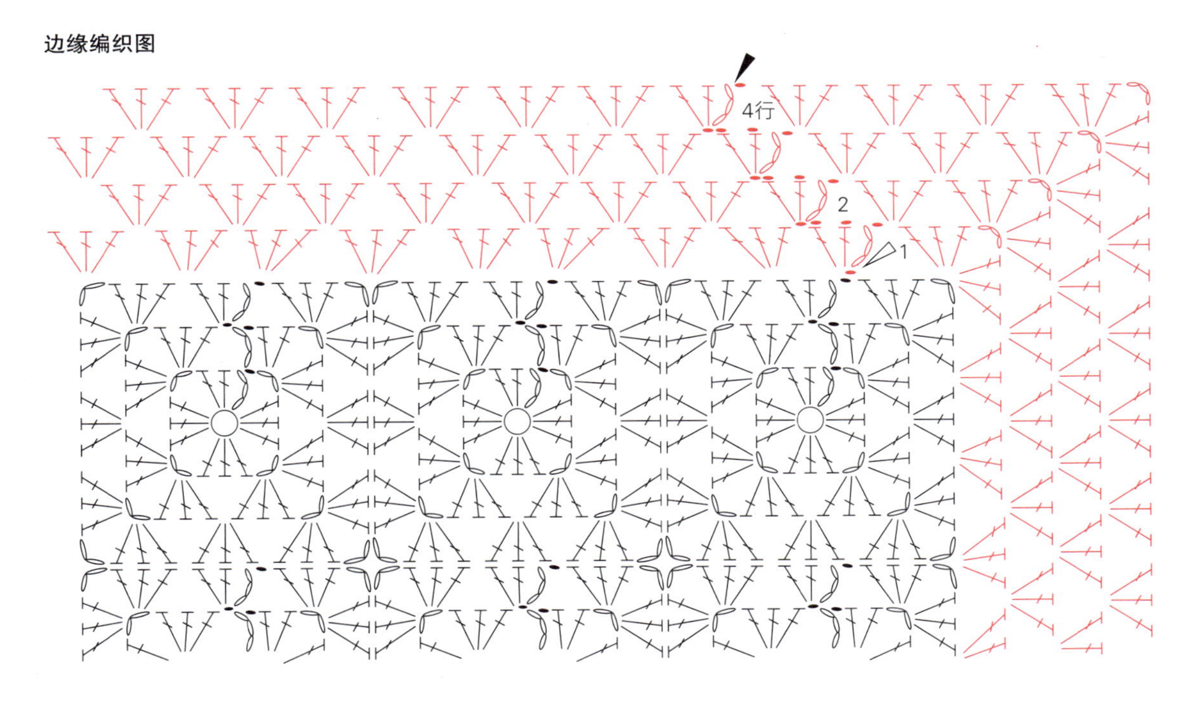

七彩卷边围巾 ●page 13

毛线 美丽诺彩虹毛线（中粗）(40g/团）深米色（141）35g，米色（139）25g，砖红色（23）、芥末色（47）、茶色（50）、紫红色（125）各15g，淡粉色（3）、朱红色（4）、金黄色（15）、深红色（19）、绿色（59）、薄荷蓝色（73）、湖蓝绿色（74）、湖蓝色（80）、灰紫色（120）各8g

针 6号棒针2根

编织密度 10cm×10cm面积内：下针条纹编织19针，25.5行

完成尺寸 宽约26cm，长150cm

编织要点 取1根毛线，用指定配色的毛线进行编织。

● 手指起针50针，下针条纹编织385行。

● 编织终点以伏针收针。

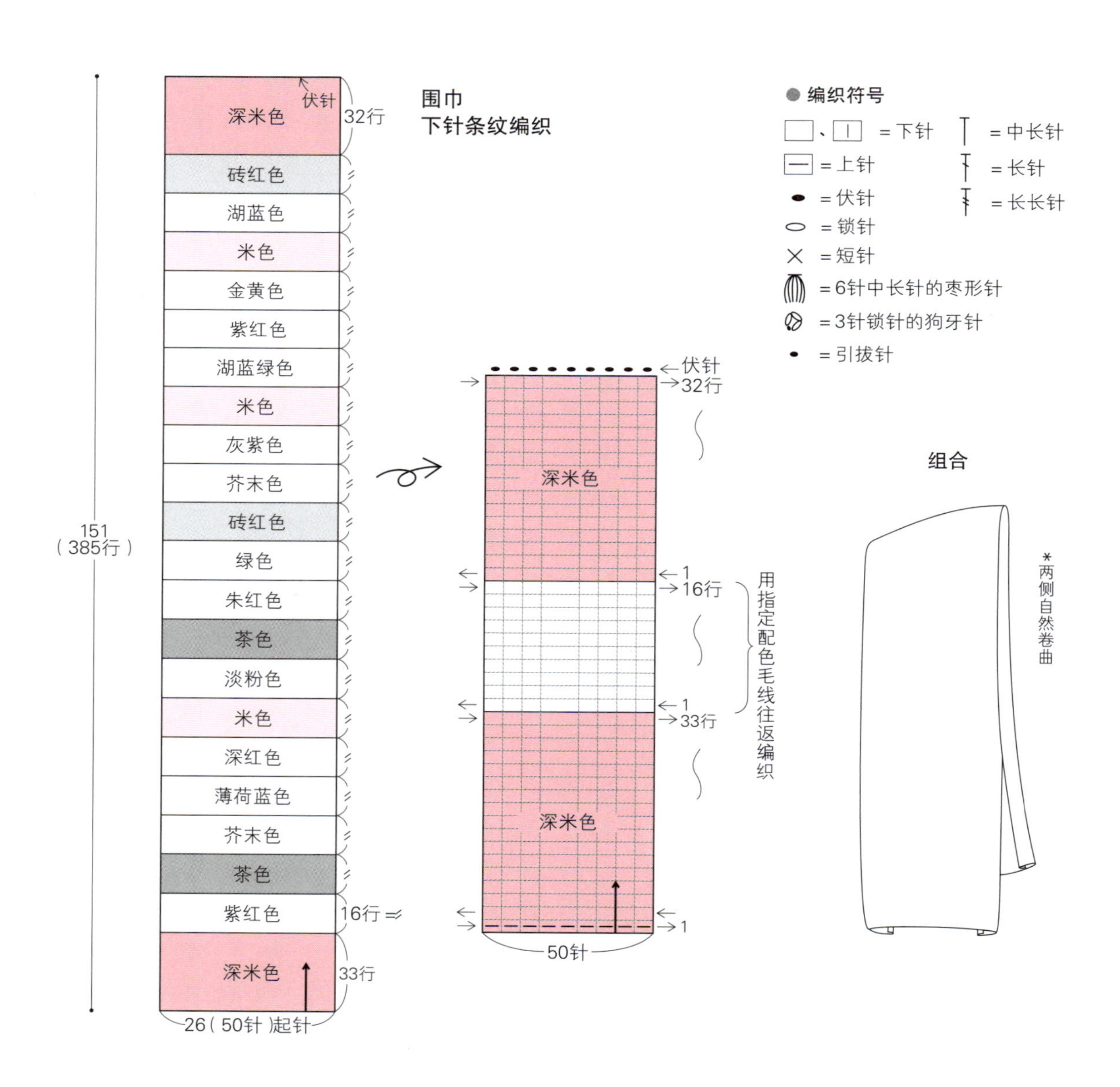

水珠花靠垫 ●page 28

主体用毛线 美丽诺彩虹毛线（中粗）（40g/团）湖蓝绿色（74）170g

装饰用毛线 美丽诺彩虹毛线（中粗）（40g/团）灰白色（143）20g，Anchor 刺绣毛线 Art4238（10m/束）深粉色（8454）、粉色（8452）各 0.5 束，黄色（8094）、绿色（9118）各少许

其他 30cm×30cm 填充棉靠垫芯 1 个

针 5/0 号钩针

编织密度 10cm×10cm 面积内：长针 22 针，11.5 行

完成尺寸 31cm×31cm

编织要点 取 1 根毛线，钩织 2 片同样形状主体。用钩针起针钩织主体与叶子，花朵环形起针钩织。

- 起 67 针，用长针钩织 35 行作为主体，无需加减针。
- 用中长针钩织枣形针，并将其缝在主体前片。
- 钩织花瓣、花蕊、叶子，并将其缝在主体的指定位置。
- 将 2 片主体的边缘编织钩织在一起，钩织 3 边之后将填充棉靠垫芯放进去，再钩织剩下的 1 边。

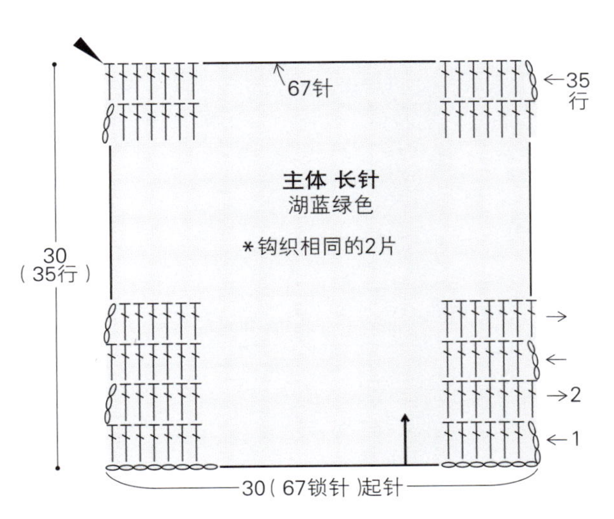

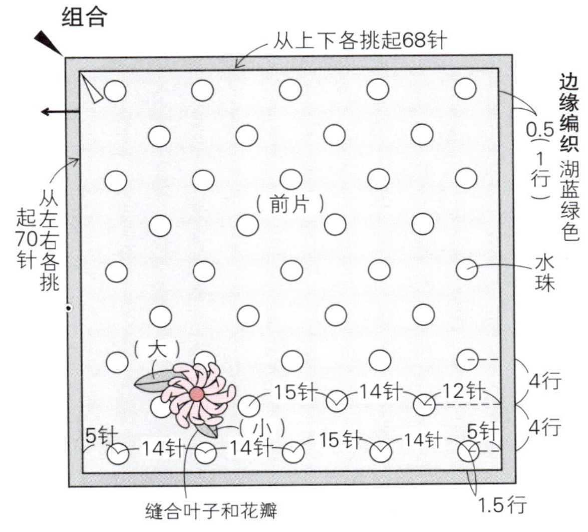

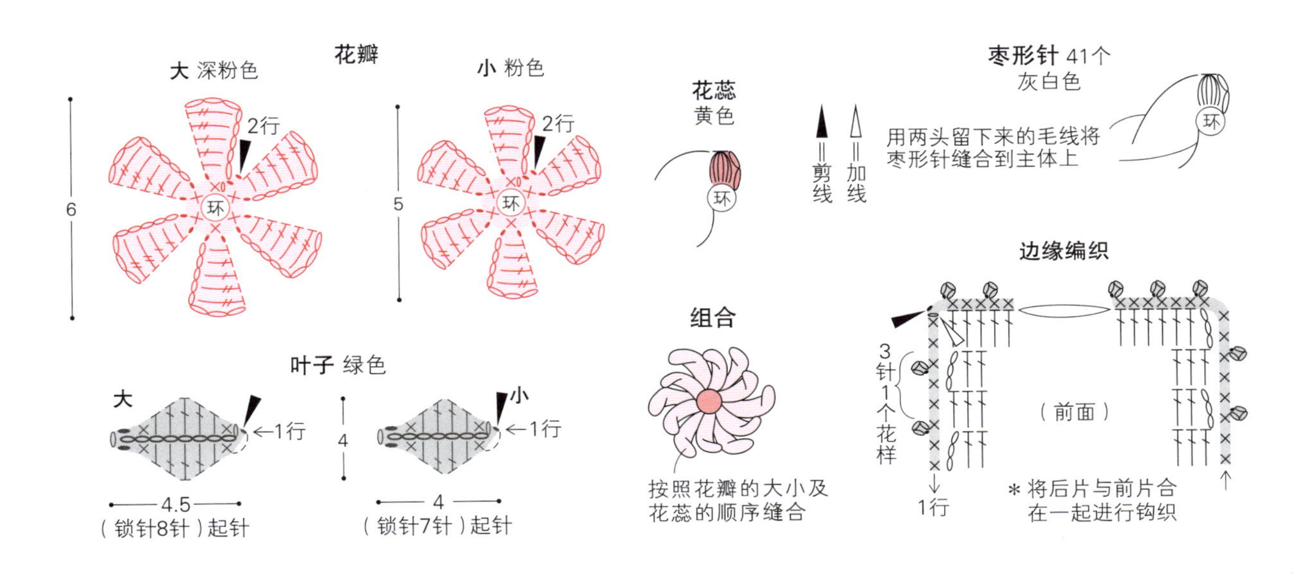

蘑菇针插 ●page 30

毛线 美丽诺彩虹毛线（中粗）(40g/团）灰白色（143）15g，深红色（19）10g

其他 填充棉，小球各少许，厚纸 12cm×9cm

针 5/0 号钩针

编织密度 10cm×10cm 面积内：短针 24 针，23.5 行

完成尺寸 参照图片

编织要点 取 1 根毛线，从伞盖开始钩织。

- 环形起针，边钩织短针边加针并钩织 13 圈。
- 更换颜色不同的毛线，如图所示一边加减针一边环形钩织，逐渐朝向底部方向，钩织至第 16 圈的时候将填充棉和直径为 7.5cm 的厚纸塞进去。继续钩织至第 33 圈的时候将填充棉、小球和直径为 3.5cm 的厚纸塞进去。
- 钩织至最终行时，线头穿过剩余的针目并抽紧。
- 在伞盖的任意位置进行刺绣。

组合

约 9.5

在自己喜欢的位置刺绣

将厚纸塞进里面

将毛线头穿过剩余的针目并抽紧

＊全部短针钩织

35 行

2.5（6行）

4（9行）

3（7行）

5.5（13行）

4针

底部

1-1-4-1
1-1-8-1
1-1-11-1
2-1-7-1
1-1-7-1
减针

17（41针）

灰白色

4行平
2-1-7-2
1-1-7-1
加针

8（20针）

3行平
1-1-7-4减针

20（48针）

深红色

5行平
1-1-6-6
2-1-6-1
加针

行针处次

伞盖

线圈内为6针

实物大纸型

伞盖用 7.5

底部用 3.5

实物刺绣图案

缎带绣
灰白色

（大）4个

（小）7个

1根线

10次

6次

蘑菇针插编织图

＊从伞盖开始钩织

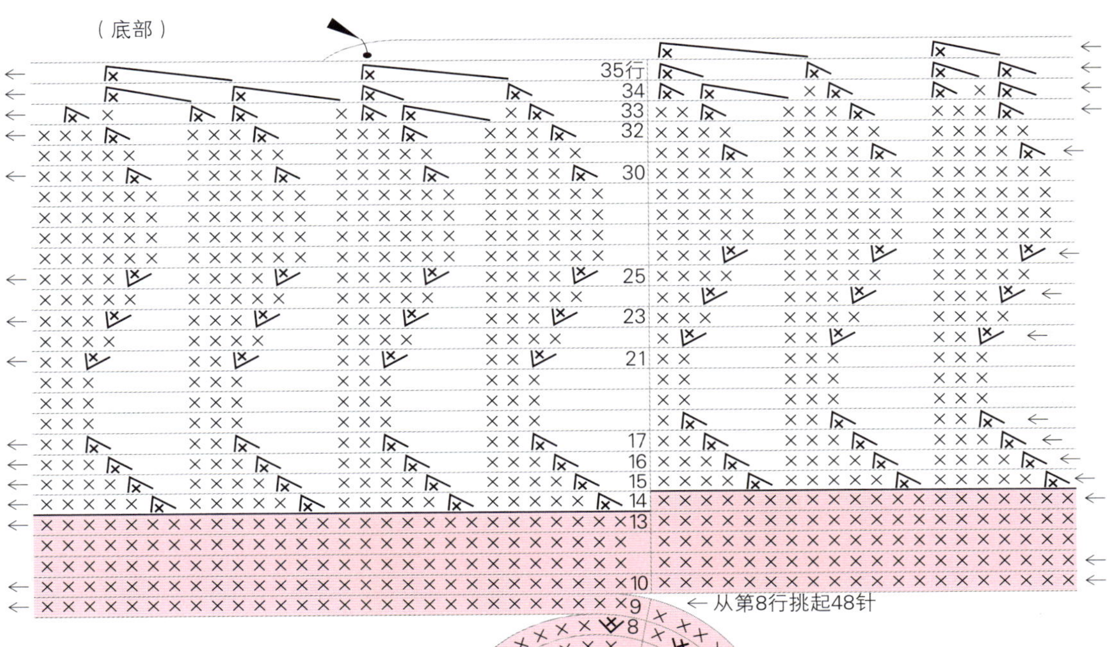

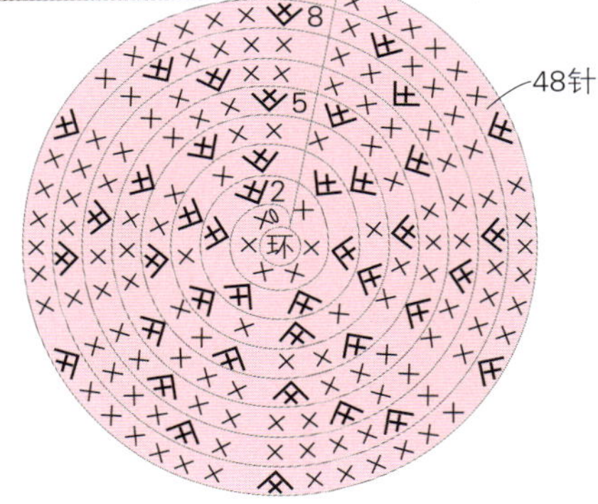

①钩织至第16行的时候将填充棉和直径为7.5cm的厚纸塞进去。

②继续钩织至第33行的时候将填充棉、小球和直径为3.5cm的厚纸塞进去。

接右侧表格

行数	针数
13～8	48
7	42
6	36
5	30
4	24
3	18
2	12
1	6

行数	针数
35	4
34	8
33	16
32	27
30、31	34
29～25	41
23、24	34
21、22	27
20～17	20
16	27
15	34
14	41

● 编织符号

⬭ ＝锁针

× ＝短针

⩔ ＝短针1针放2针

⩓ ＝短针2针并1针

◀ ＝剪线

花朵杯垫 ●page 26

毛线 4 色 / 美丽诺彩虹毛线（中粗）（40g/团）原白色（143）25g，红色（10）、芥末色（47）各 10g，淡粉色（3）、卡其色（56）、湖蓝绿色（74）、湖蓝色（80）、蓝色（84）、青紫色（95）、红紫色（125）、深米色（141）各 5g

针 6/0 号钩针

完成尺寸 A ～ D 相同，直径为 11cm

编织要点 取 1 根毛线，进行钩织。

- 环形起针，第 1 圈钩织 6 针短针。第 2 圈加针，如图所示，用指定的配色毛线进行钩织。
- 将毛线头穿进反面针目里，整理好花片的形状。

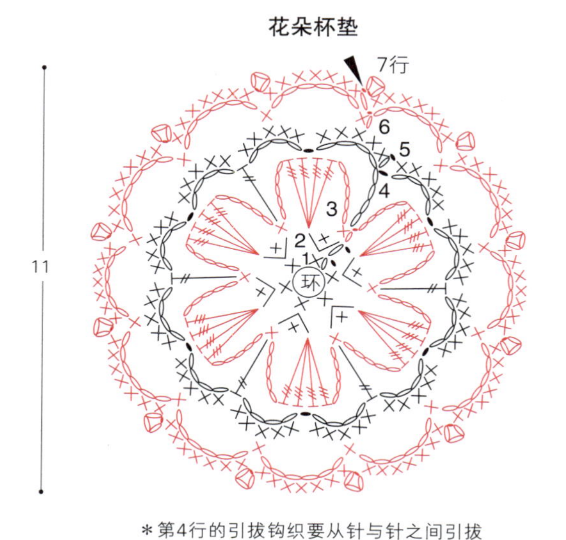

*第4行的引拔钩织要从针与针之间引拔

● 编织符号

- ○ = 锁针
- × = 短针
- = 短针1针放2针
- = 短针1针放3针
- = 中长针
- = 长针
- = 长长针
- = 三卷长针
- = 3针锁针的狗牙针
- • = 引拔编织
- ◁ = 加线
- ◀ = 剪线

A配色

	颜色
第6、7行	红色
第4、5行	原白色
第3行	青紫色
第1、2行	芥末色

B配色

	颜色
第6、7行	芥末色
第4、5行	原白色
第3行	湖蓝色
第1、2行	红色

C配色

	颜色
第6、7行	湖蓝绿色
第4、5行	原白色
第3行	淡粉色
第1、2行	蓝色

D配色

	颜色
第6、7行	深米色
第4、5行	原白色
第3行	红紫色
第1、2行	卡其色

蝴蝶胸花 ●page 31

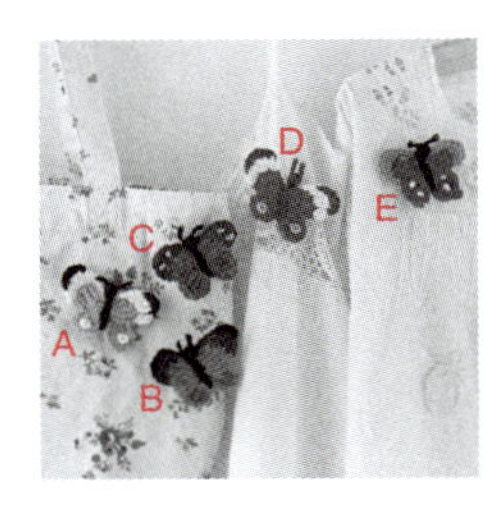

毛线 5 件 / 美丽诺彩虹毛线（粗）(40g/团）红色（10）、芥末色（47）、茶色（50）、祖母绿色（70）、薄荷蓝色（73）、湖蓝色（80）、青紫色（95）、紫罗兰色（113）、灰白色（143）、黑色（150）各 5g

其他 3cm 宽的胸花别针 1 个

针 5/0 号钩针

完成尺寸 参照图示

编织要点 取 1 根毛线，按照指定的配色钩织作品 A ~ E。

- 钩织 7 针锁针，如图所示，先钩织出躯干。
- 作品 A、B、D 钩织至第 3 片翅膀为止，作品 C、E 钩织至第 2 片翅膀为止。
- 将躯干放在翅膀上面，进行缝合。
- 参见图示，用指定的配色毛线在翅膀上进行刺绣。

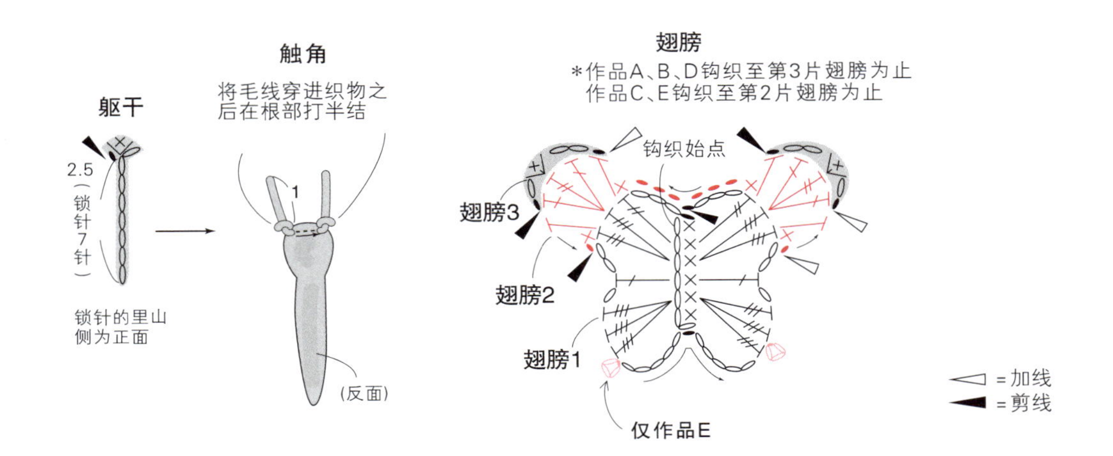

花片配色

作品	躯干	翅膀1	翅膀2	翅膀3	刺绣
A	黑色	芥末色	灰白色	黑色	灰白色
B	黑色	湖蓝色	青紫色	黑色	红色
C	黑色	紫罗兰色	青紫色		芥末色
D	茶色	红色	灰白色	茶色	芥末色
E	黑色	祖母绿色	薄荷蓝色		灰白色

组合

A

将躯干放在翅膀上面，进行缝合。

5

7.5

卷线绣（绕8次）

C

法式结粒绣（绕2次）

4.5

6.5

E

与作品C相同

B

D

与作品A相同

手工钩织的相框 ●page 32

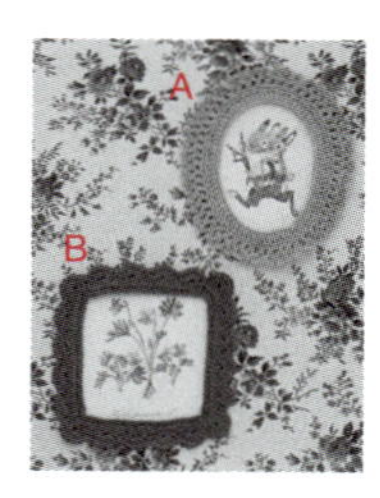

毛线 美丽诺彩虹毛线（中粗）（40g/团）A为芥末色（47）、B为紫罗兰色（113），各10g

针 6/0号钩针

完成尺寸 参照图示

编织要点 取1根毛线，用钩针起针开始钩织。

- A：起81针锁针并做成环形，第1行挑起半针锁针钩织长针。从第2行开始如图所示一边加针一边钩织。
- B：起104针锁针并做成环形，第1行挑起半针锁针钩织短针。从第2行开始如图所示在4个位置加针钩织四周方角部分。
- A、B编织终点的毛线头都要塞进反面的针目里，整理花片的形状。

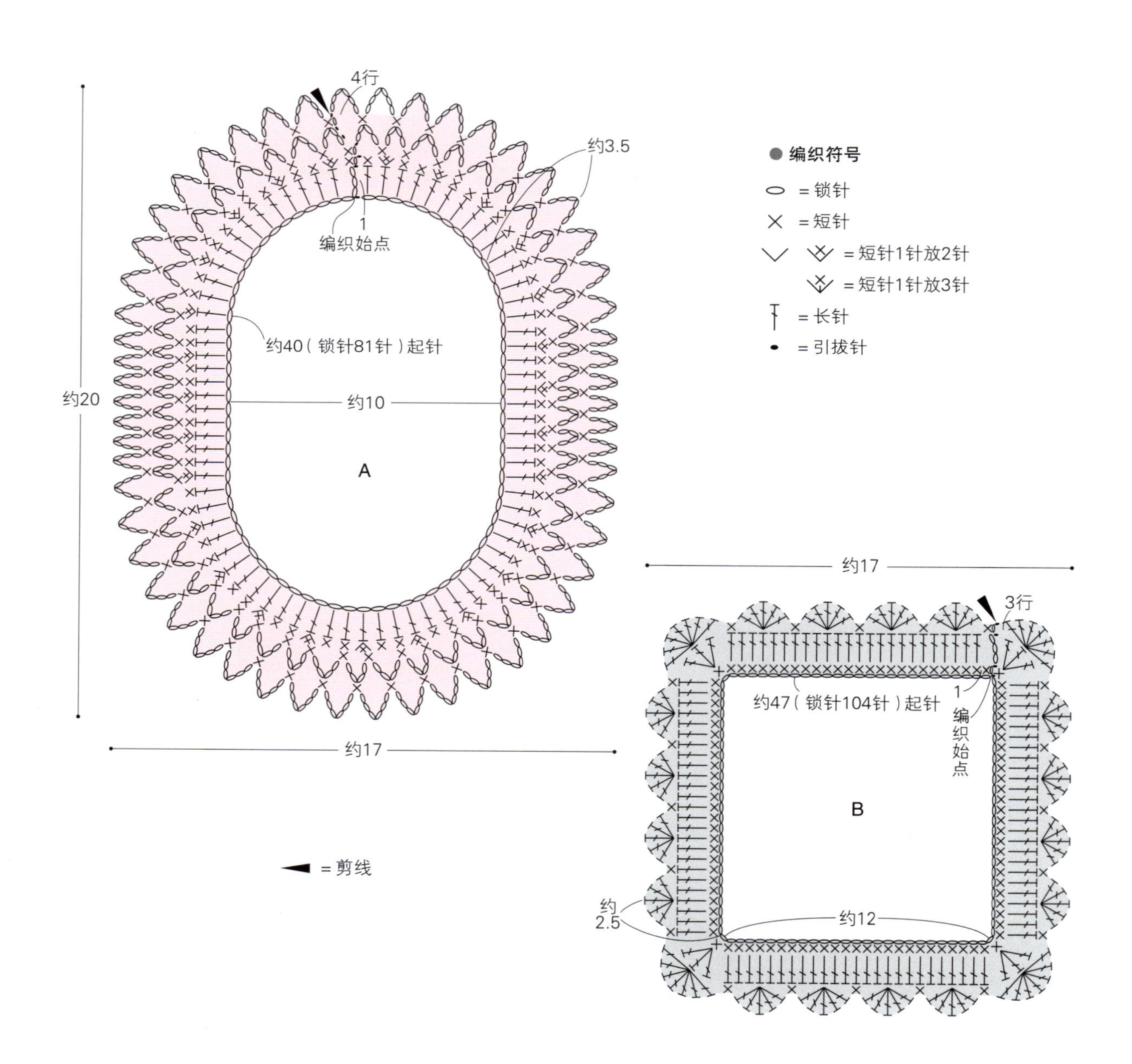

小屋形状的锅垫 ●page 33

毛线 美丽诺彩虹毛线（粗）（40g/团）水蓝色（82）15g，红色（10）10g，焦茶色（36）、灰白色（143）各5g，淡粉色（3）、绿色（59）各少许

其他 同色系（茶色、灰白色、绿色）缝合毛线

针 6/0号钩针

完成尺寸 参照图示

编织要点 取毛线1根，用钩针起针开始钩织。

- 用长针钩织主体、窗户以及烟囱，钩织指定的行数，无需加减针，只有在钩织窗户的时候，要更换不同颜色的毛线，在窗户四周钩织1行短针。
- 钩织屋顶时，从两端一边加针一边钩短针，然后换色做1行边缘编织，整理好形状。
- 从起针处上下挑针，一边加针一边钩长针，钩织大门。
- 用缝合毛线将各种零部件缝合在主体上。用指定的绿色毛线钩织5～8针锁针，作为茎部，然后做花朵刺绣。

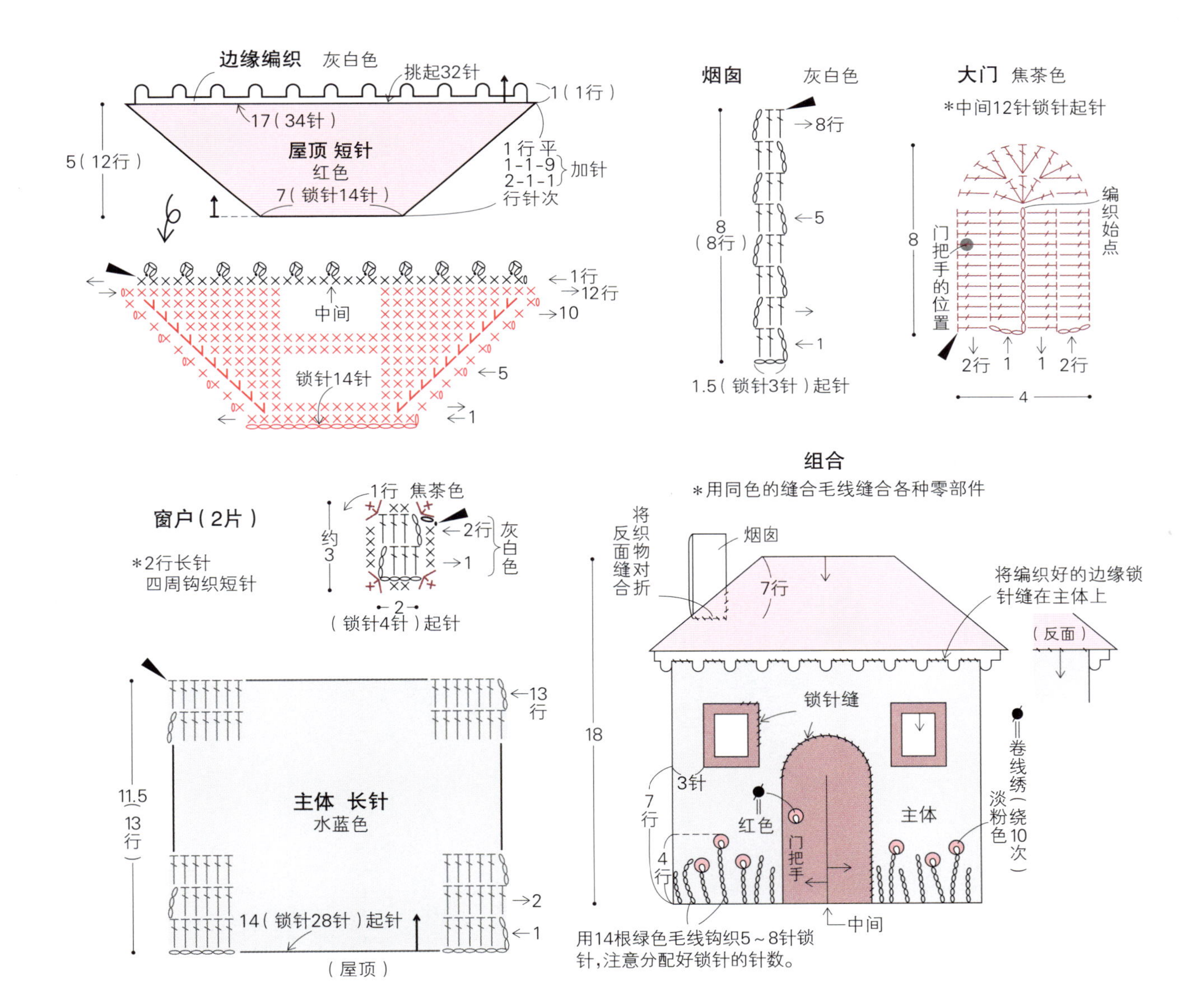

瓶套 ●page 36

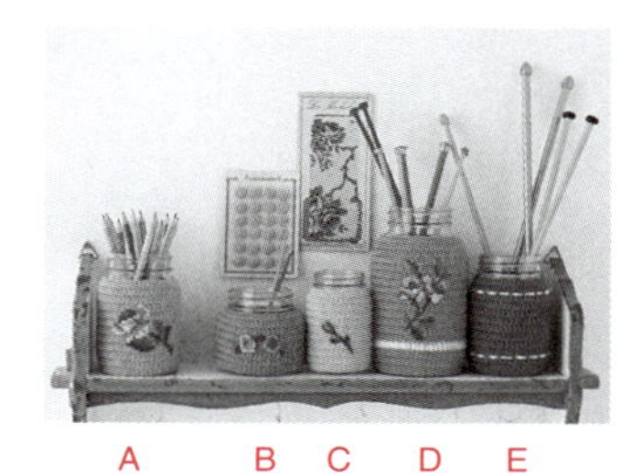

A　B　C　D　E

主体毛线 美丽诺彩虹毛线（中粗）（40g/团）A 水蓝色（82）、E 紫罗兰色（113）各25g，B 嫩草色（55）、C 黄色（46）各18g，D 粉色（124）40g，灰白色（143）少许

刺绣用毛线 Anchor 刺绣毛线 Art 4238（10m/束）A 灰白色（8006）、红色（8200）、粉色（8452）、深粉色（8454）、黄绿色（9116）、绿色（9118）各少许，B 红色（8200）、薄荷蓝色（8804）、湖蓝色（8808）、粉色（8452）、洋红色（8456）、绿冰色（8932）、黄绿色（9116）、绿色（9118）各少许，C 粉色（8452）、洋红色（8456）、绿色（9118）各少许，D 灰白色（8006）、红色（8200）、粉色（8452）、洋红色（8456）、黄绿色（9116）、绿色（9118）各少许，E 美丽诺彩虹毛线（中粗）（40g/团）灰白色（143）少许

其他 A 抽线十字布（34 针/10cm）8cm×7cm，D 抽线十字布（40 针/10cm）10.5cm×7cm

针 A ~ E 通用 4/0、5/0 号钩针

A 水蓝色　E 紫罗兰色

＊E部分参照右图

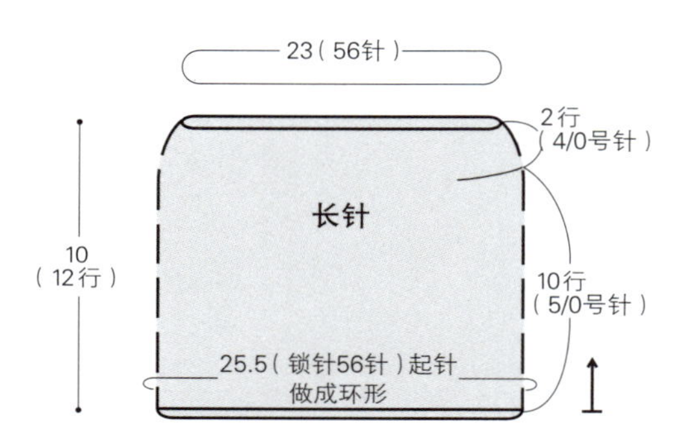

长针　A～E相同

＊起指定针数，做成环形

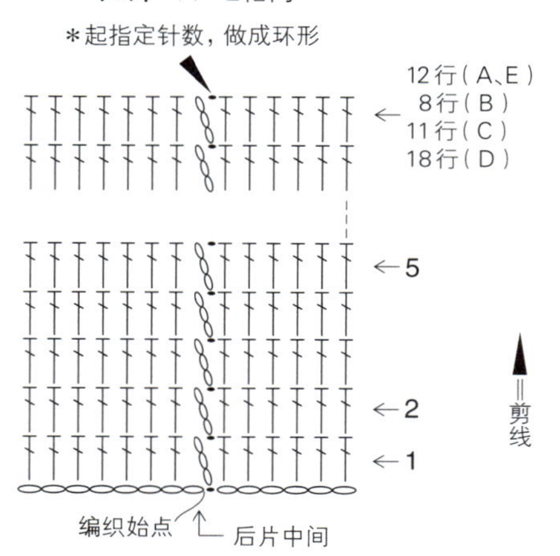

组合

A

D

刺绣

中间

中间

D ＊用粉色毛线钩织指定以外的部分

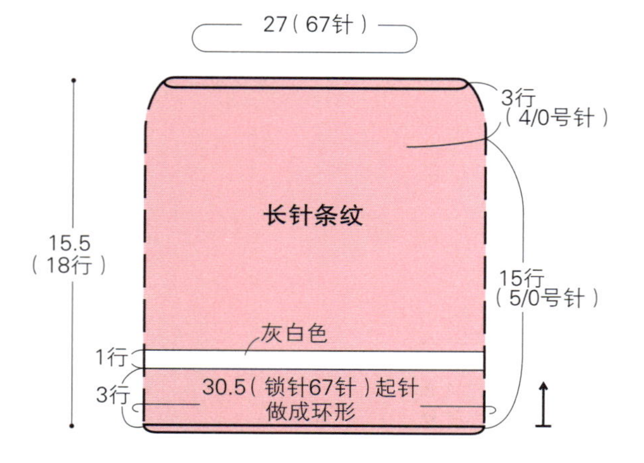

编织密度 10cm × 10cm 面积内：长针 22 针，11.5 行（5/0 号针）

完成尺寸 参照图示

编织要点 取毛线 1 根，钩织指定的针数。

- A ~ E 分别用钩针起针并做成环形。用长针钩织指定行数，不需加减针，但是钩织 D 时要在第 4 行位置更换不同颜色的毛线。
- 参照图示在 A ~ E 的指定位置做刺绣。（A 和 D 要使用帆布。）

A 十字绣（抽线十字布）

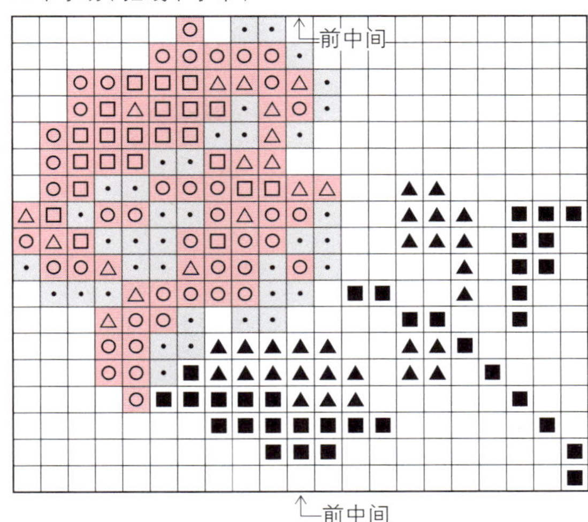

D 十字绣（抽线十字布）

前中间

前中间

A、D刺绣图案

配色表

A

▲	绿色（9118）
■	黄绿色（9116）
•	灰白色（8006）
○	粉色（8452）
△	深粉色（8454）
□	红色（8200）

D

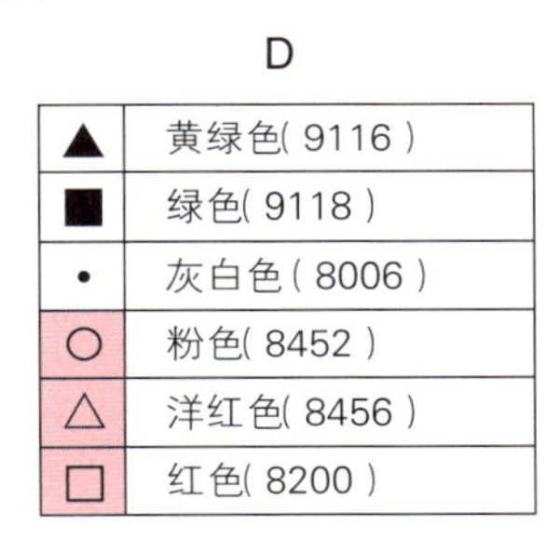

▲	黄绿色（9116）
■	绿色（9118）
•	灰白色（8006）
○	粉色（8452）
△	洋红色（8456）
□	红色（8200）

组合

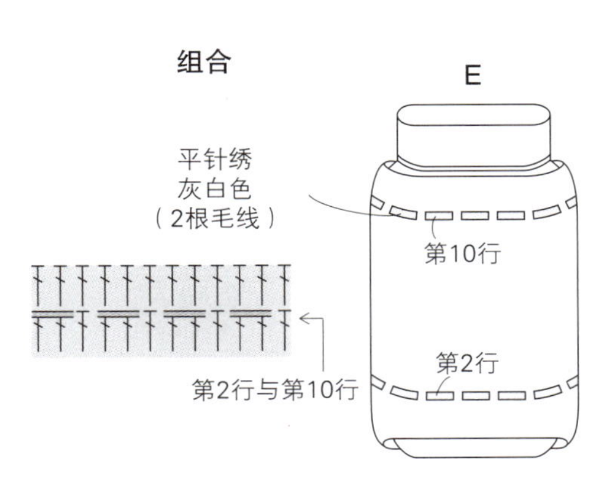

B 嫩草色

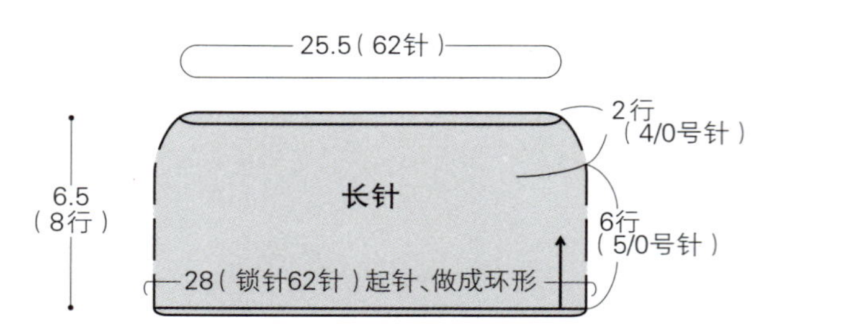

● 编织符号

- ◯ = 锁针
- ⊤ = 长针
- • = 引拔针

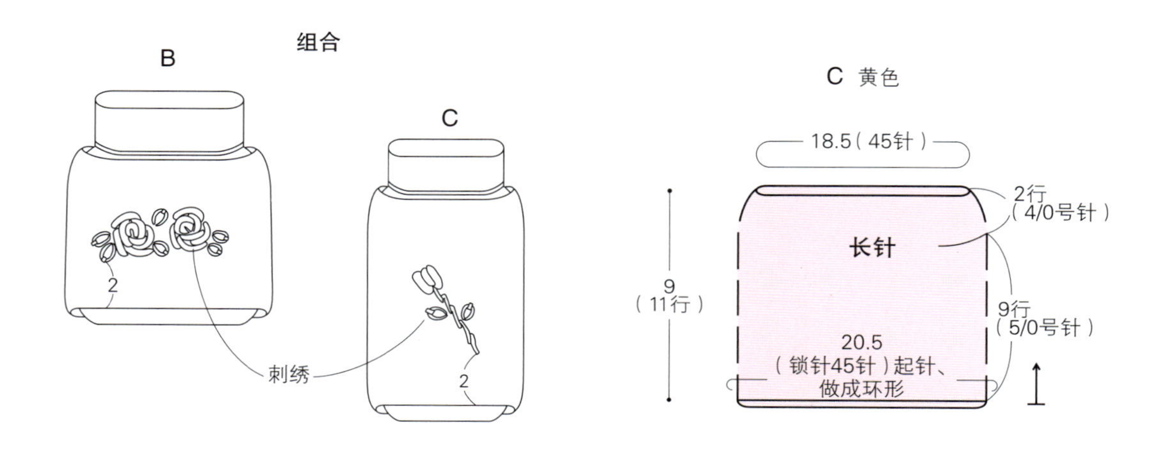

实物大小刺绣图案

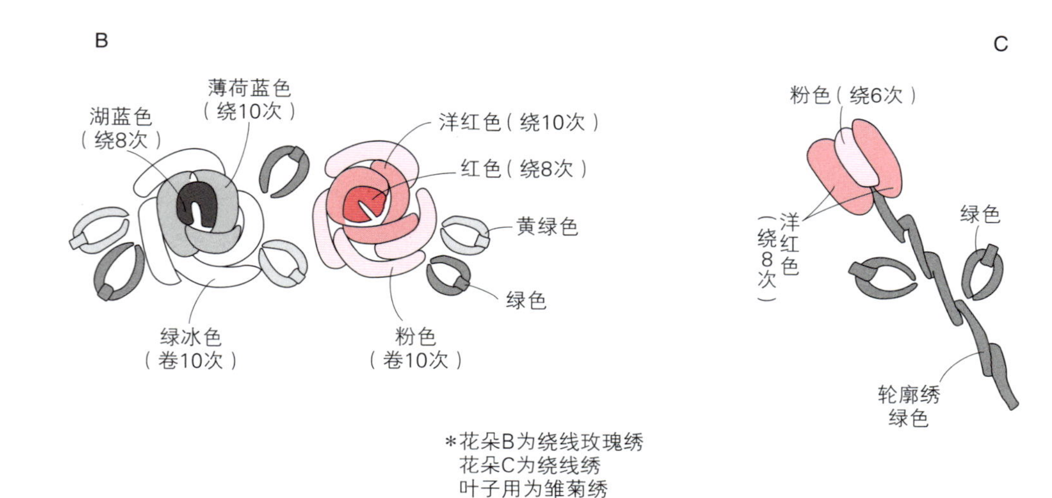

*花朵B为绕线玫瑰绣
花朵C为绕线绣
叶子用为雏菊绣

小绵羊胸花 ●page 35

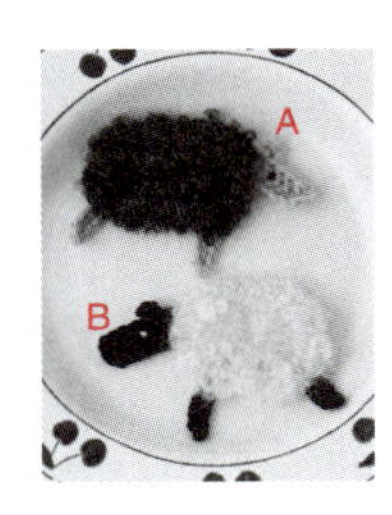

毛线 美丽诺彩虹毛线 Globus（中粗）（40g/团）A 黑色（16）、B 灰白色（06）各 5g，美丽诺彩虹毛线（中粗）（40g/团）A 沙米色（140）、B 黑色（150）各少许

其他 缝合毛线 A 黑色、B 原白色各少许，宽 3cm 的胸花和别针各 1 个

针 6/0 号钩针

完成尺寸 参照图示

编织要点 取毛线 1 根，用指定的毛线进行钩织。

- 按照图示中的配色分别钩织小羊的脸部、身体、脚。
- 将脸部和脚缝在身体上，取 2 根缝合毛线进行刺绣。

＊身体用Globus线钩织

身体 各1片

A 黑色　B 灰白色

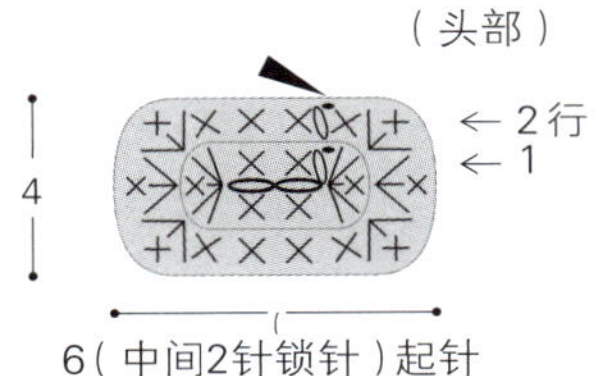

脸部 各1片

A 沙米色　B 黑色

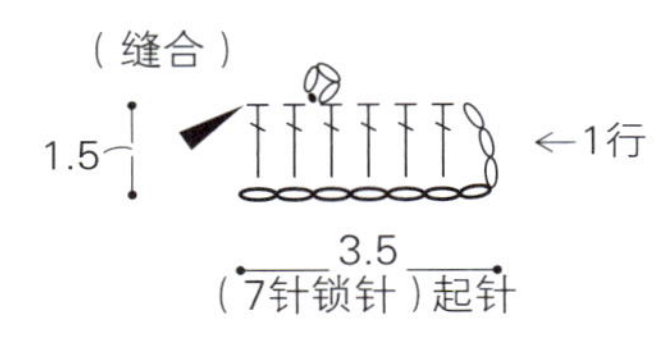

脚 各2片

A 沙米色　B 黑色

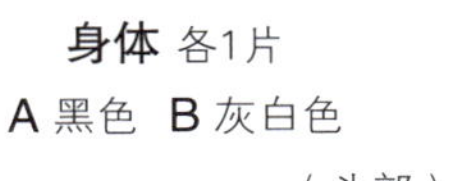

◀ = 剪线

组合

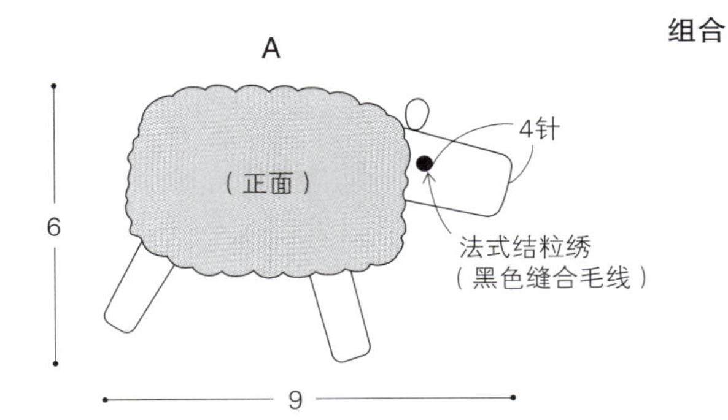

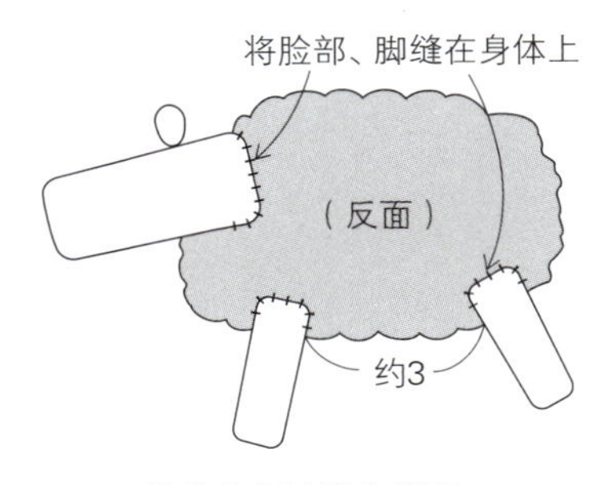

＊将胸花别针缝在反面

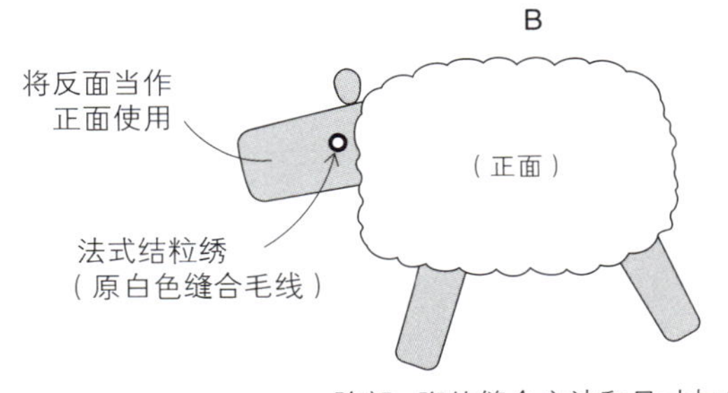

＊脸部、脚的缝合方法和尺寸与A相同

● 编织符号

- ○ = 锁针
- × = 短针
- 短针1针放3针、5针
- 长针
- = 3针锁针的狗牙针
- • = 引拔针

花朵笔套 ●page 41

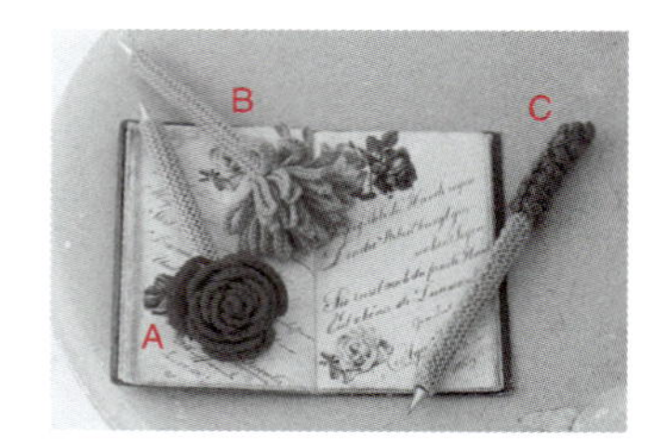

毛线 美丽诺彩虹毛线（中粗）（40g/团）A、B、C 浅绿色（54）各5g，A 深红色（19）、B 淡粉色（3）、C 紫罗兰色（113）各5g

其他 与花色同色的缝合毛线

针 4号棒针2根，5/0号钩针

完成尺寸 参照图示

编织要点 取1根毛线编织。

- 编织茎部。起针33针，做下针编织，编织9行，其中不需做加减针，以伏针收针（将反面当作正面）。
- 将编织始点的针目与编织终点的针目对齐之后再进行缝合，形成环形。
- 钩织花朵部分。用钩针起针128针钩织A部分。钩织花瓣时，要按照从小到大的顺序横向进行钩织。从小花瓣开始卷，将其卷成玫瑰状，最后用缝合毛线固定根部。

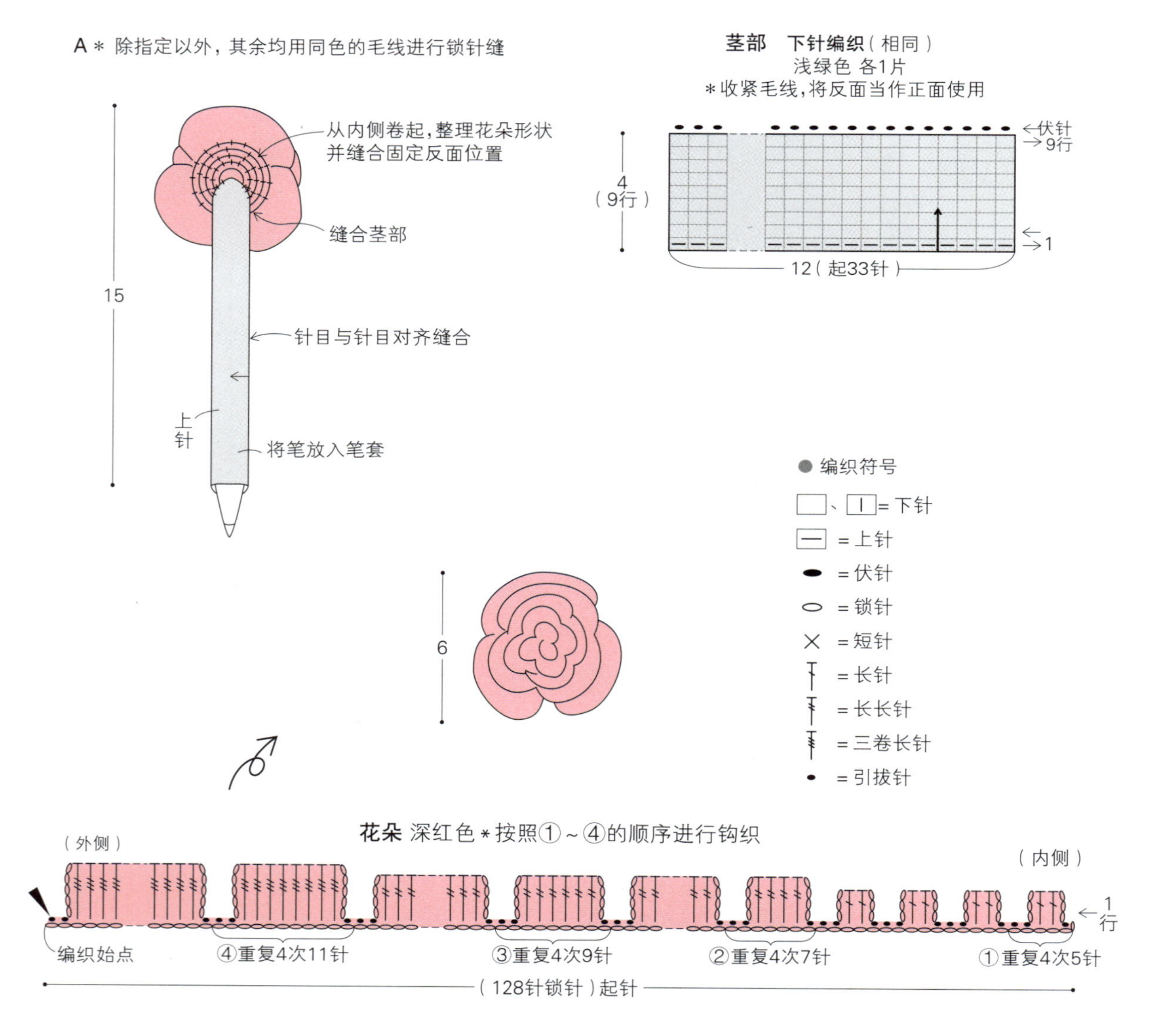

B 部分起 2 针锁针钩织。如图所示，用短针和锁针钩织花朵。卷好根部整理花朵的形状，并用缝合毛线固定根部。
C 部分起 15 针，做花样编织，共编织 12 行，以伏针收针，将编织始点的针目与编织终点的针目对齐之后再进行缝合，形成环形。将上端捆好收紧。
● 用缝合毛线将花朵缝在茎部。

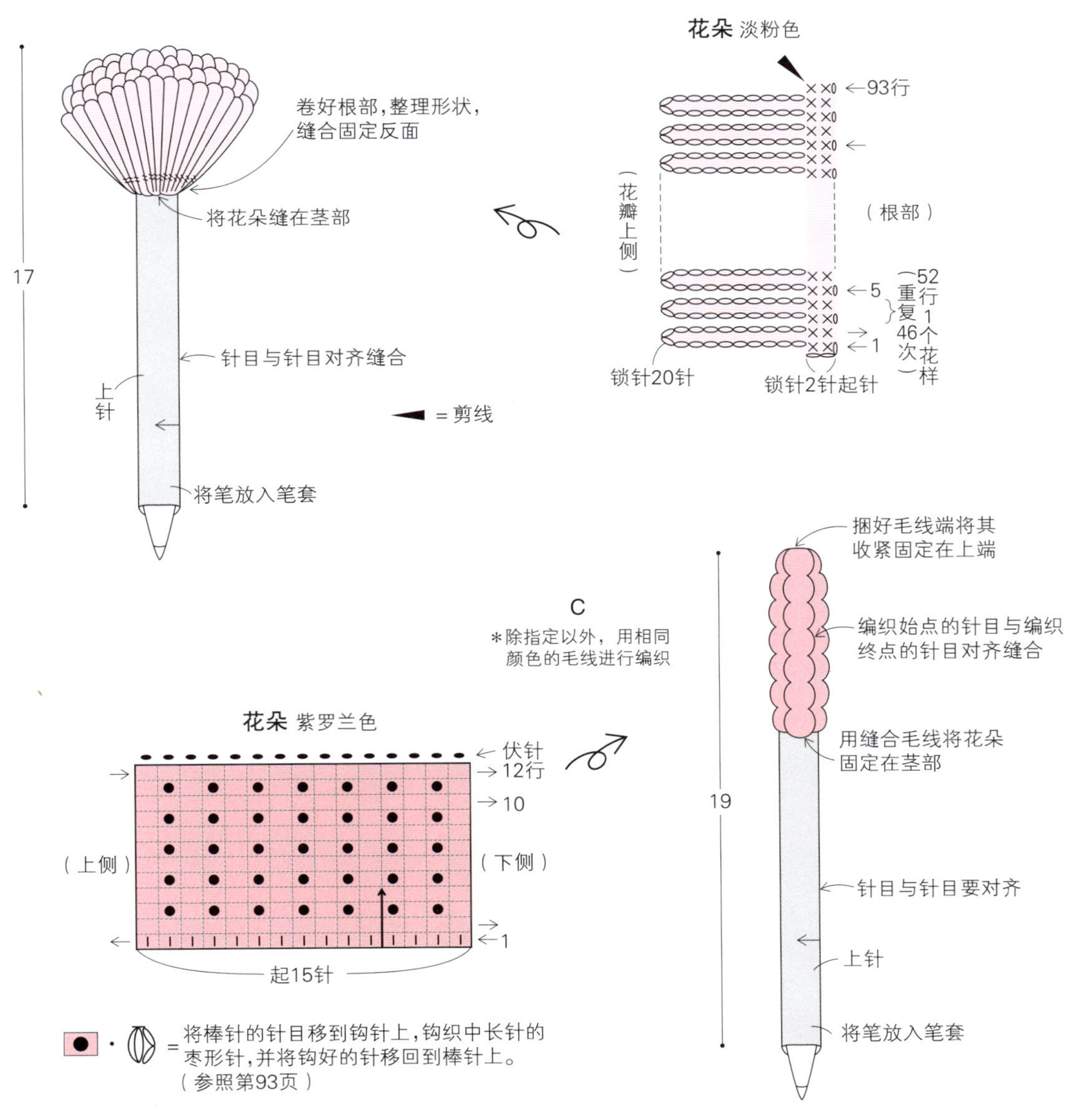

平板电脑套
●page 42

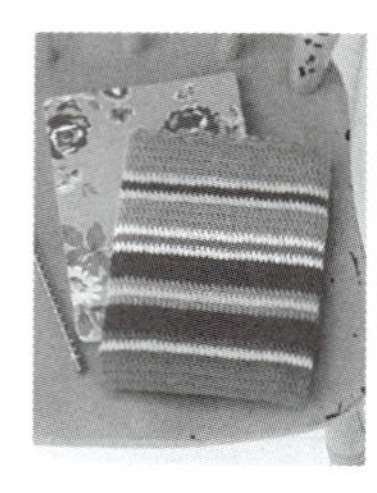

毛线 美丽诺彩虹毛线（中粗）（40g/团）粉色（124）25g，红色（10）18g，黄色（46）、湖蓝色（80）各10g，绿色（59）、灰白色（143）各5g

针 5/0号钩针

编织密度 10cm×10cm面积内：长针、长针条纹23.5针，13.5行

完成尺寸 宽16cm，长22cm

编织要点 取1根毛线编织。

（请读者以作品为参考标准，根据手拿平板电脑的尺寸调整针数和行数。）

- 钩织底部。用钩针起33针，长针挑起上下两边，钩织1行。
- 从底部挑起侧面的针，用指定的配色钩织27行长针，中间不需加减针，将其钩织为环形。
- 继续做1行边缘编织，整理好形状。

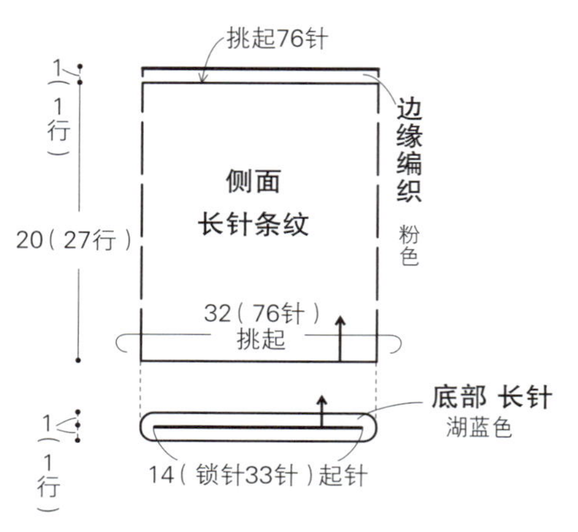

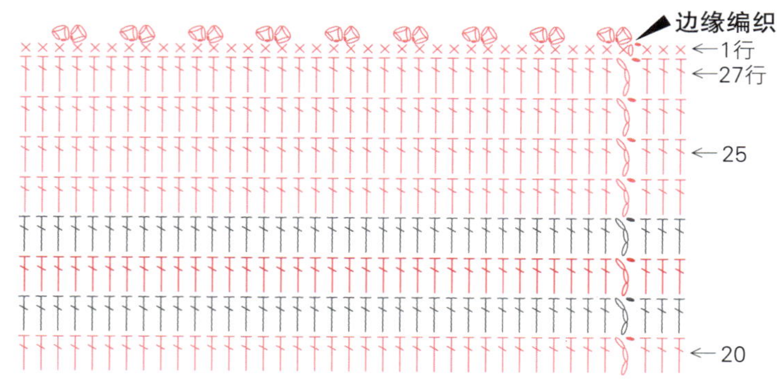

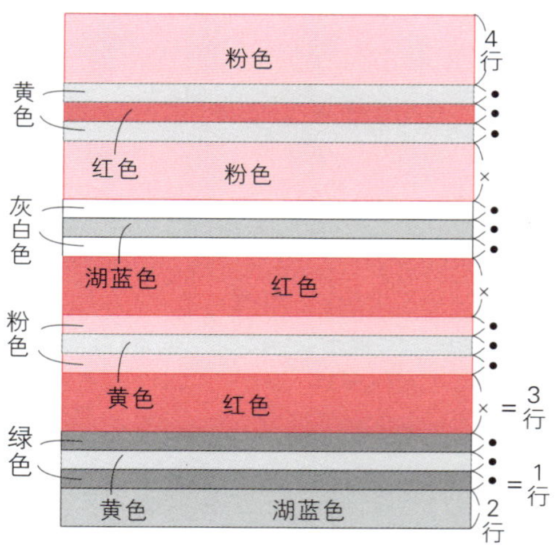

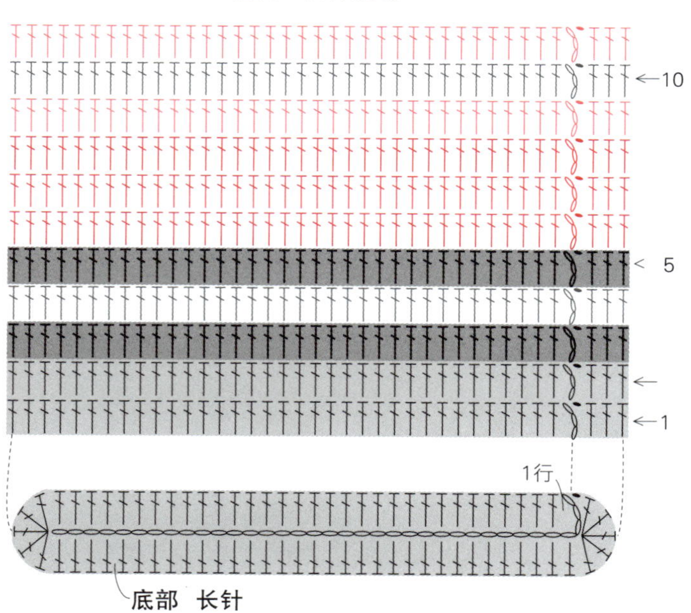

● 编织符号

○ = 锁针
× = 短针
长针符号 = 长针
3针锁针的狗牙针符号 = 3针锁针的狗牙针
• = 引拔针
◀ = 剪线

超可爱的手机套 ●page 43

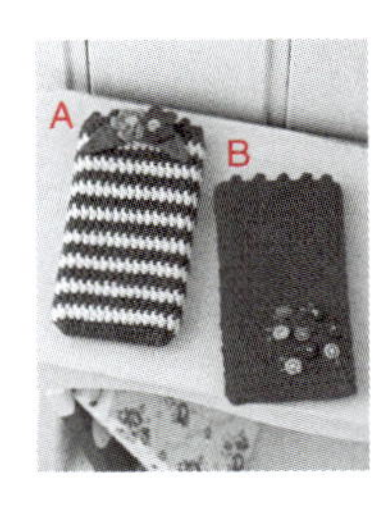

主体毛线 美丽诺彩虹毛线（粗）（40g/团）A 蓝色（84）、灰白色（143）各10g，B 红色（10）20g

装饰用毛线 A Anchor 刺绣毛线 Art4238（10m/束）黄色（8094）、红色（8200）、粉色（8452）、黄绿色（9116）各少许，B 美丽诺彩虹毛线（粗）（40g/团）芥末色（47）、绿色（59）、湖蓝色（80）、蓝色（84）、灰白色（143）各少许

针 5/0号钩针

编织密度 长针条纹 23.5 针，13.5 行

完成尺寸 宽约 7cm，高 14cm

编织要点 取 1 根毛线钩织。

（请大家以该作品为参考标准，结合手机的尺寸，调整针数、行数。）

- 钩织底部。钩针起 12 针，长针挑起上下两边并钩织 1 行。
- 底部挑针钩织侧面，线用指定的配色 A 钩织长针条纹，B 用单色毛线钩织长针环形钩织 16 行，不需加减针。
- 做 1 行边缘编织作为手机套的开口。
- 钩织花片，将花片缝合在主体上，连成环形做刺绣 A；在指定位置刺绣 B。

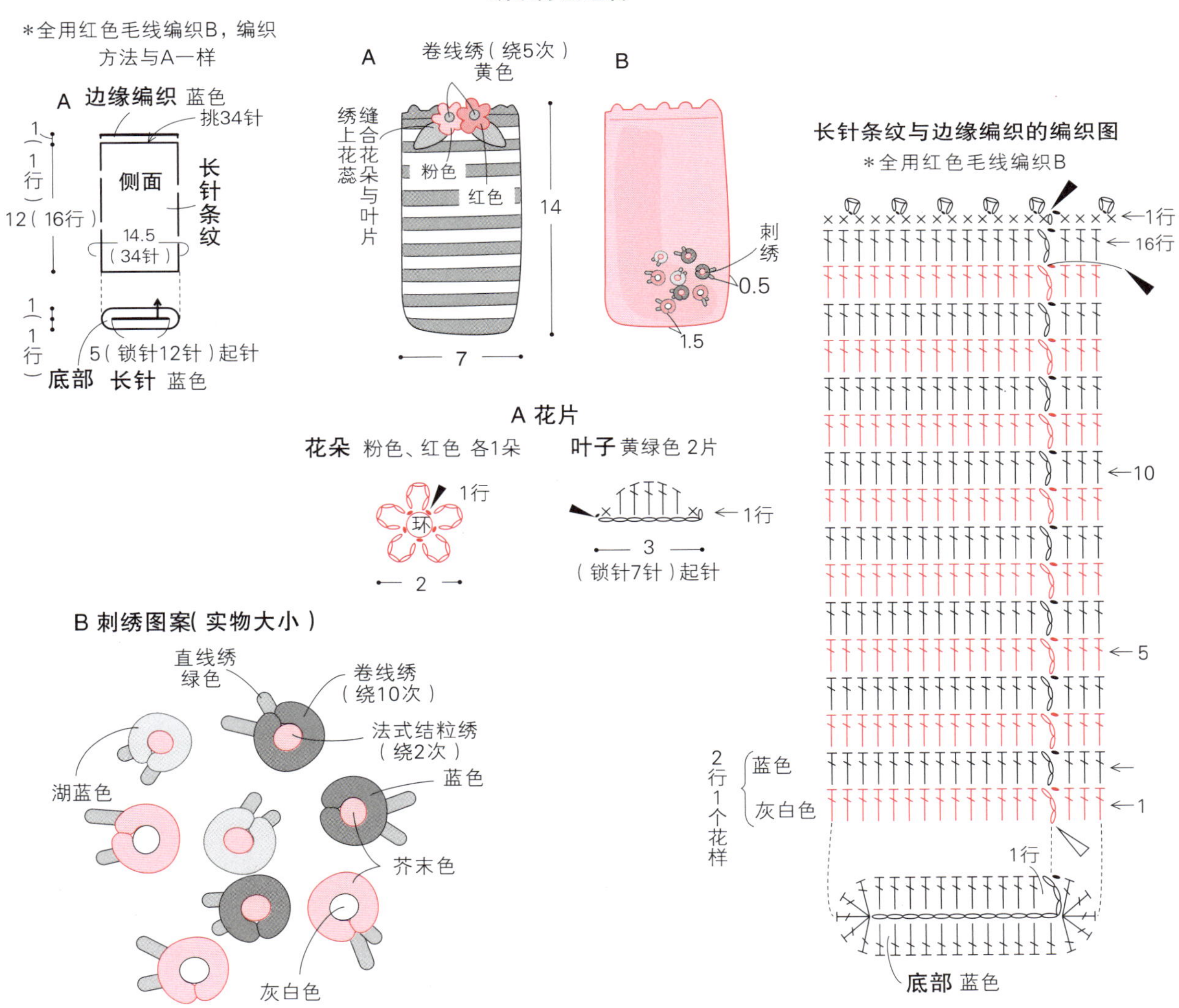

花朵小包 ●page 38

毛线 美丽诺彩虹毛线（中粗）（40g/团）浅粉色（2）、深红色（19）、黄色（46）、薄荷绿色（67）、湖蓝色（80）、紫色（114）、粉色（124）各10g，浅橙色（9）、浅茶色（28）、紫罗兰色（113）、绿色（147）、灰白色（143）各5g，卡其色（56）、森林绿色（69）各少许

其他 直径1cm的圆形按扣1组，缝合毛线

针 6/0号、7/0号钩针

编织密度 花片，直径4.5cm

完成尺寸 参照图示

编织要点 取不同色毛线2根钩织，1根钩织花蕊，1根钩织花片。钩织花片与花蕊做环形起针。

- 用指定的配色线钩织18片花片A～K。
- 拉紧花蕊编织始点与编织终点的毛线端，用毛线端将花蕊缝在花朵主体的中间。
- 参照编织图钩织花片，从反面卷针缝缝合花片（可用任意花片颜色的毛线进行缝合。）
- 钩织提手，并将提手锁针缝缝在指定位置。
- 用缝合毛线将按扣缝在指定位置。

花片编织图 ＊用指定配色线编织18朵花片A～K，从反面卷针缝连接周围的花片

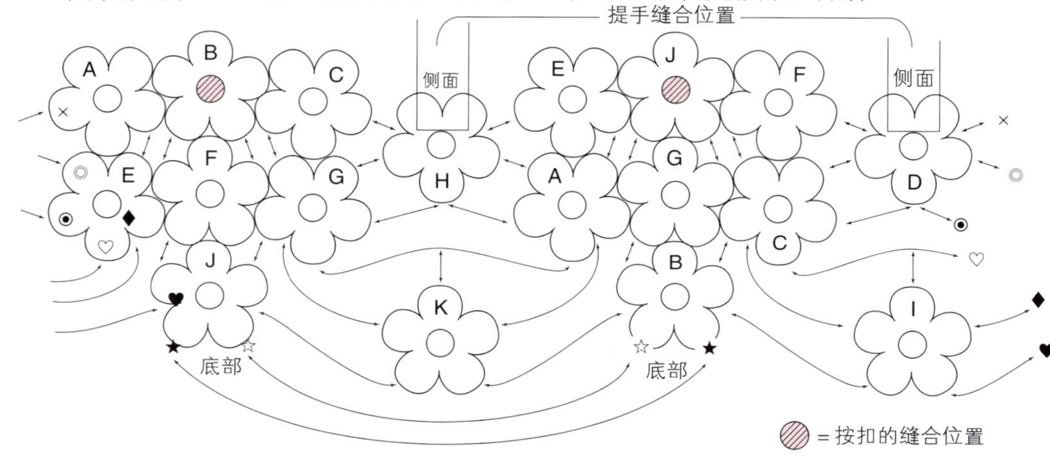

花片 （7/0号钩针）
2根毛线

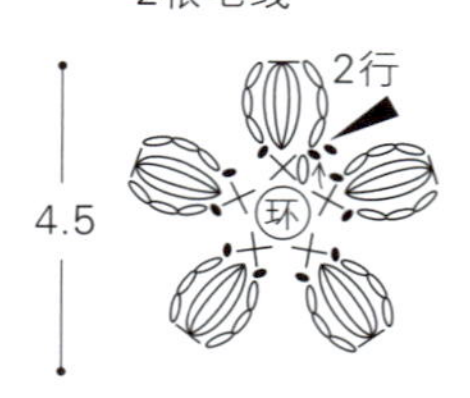

花蕊
（6/0号钩针）
1根毛线

拉紧线圈与编织终点的毛线，用毛线端将花蕊缝在花片中间

提手 卡其色（7/0号针）取2根线
＊挑起里山引拔

0.6
26（锁针55针）

组合

提手
两端留出2cm，锁针缝缝在内侧
12
15

花片的配色与片数

	A 2片	B 2片	C 2片	D 1片	E 2片	F 2片
花片	粉色	紫色	湖蓝色	紫罗兰色	薄荷绿色	浅粉色
花蕊	黄色	灰白色	灰白色	灰白色	森林绿色	深红色

	G 2片	H1片	I 1片	J 2片	K 1片
花片	黄色	浅茶色	浅橙色	深红色	绿色
花蕊	粉色	灰白色	灰白色	黄色	灰白色

蝴蝶结花环 ●page 45

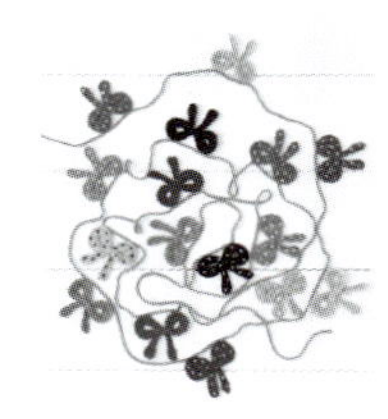

毛线 美丽诺彩虹毛线（中粗）（40g/团）
湖蓝色（80）10g、淡粉色（3）、红色（10）、焦茶色（36）、芥末色（47）、绿色（59）、蓝色（84）、红紫色（125）、米色（139）、灰白色（143）各5g

其他 缝合毛线

针 6/0号钩针

完成尺寸 参照图示

编织要点 取1根毛线钩织。

- 按照指定的配色分别钩织蝴蝶结的上、下两部分。
- 将蝴蝶结的上部和下部重叠在一起，中间用相同颜色的线缠绕2圈以固定。
- 在指定的蝴蝶结上做法式结粒绣，绣出波点图案。
- 用锁针钩织罗纹绳，参照图示，用缝合毛线将蝴蝶结固定在上面。

蝴蝶结（上）
*锁针32针，做成环形

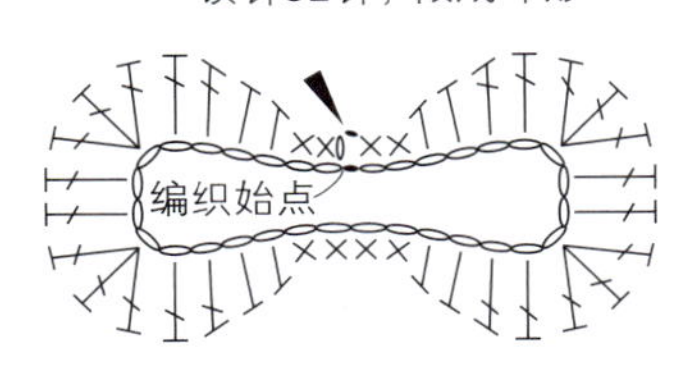

蝴蝶结（下）
*锁针20针

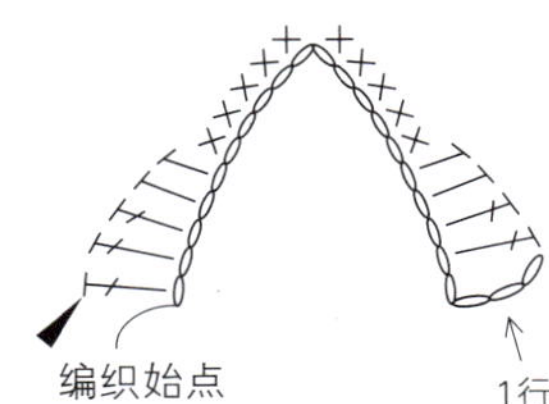

组合

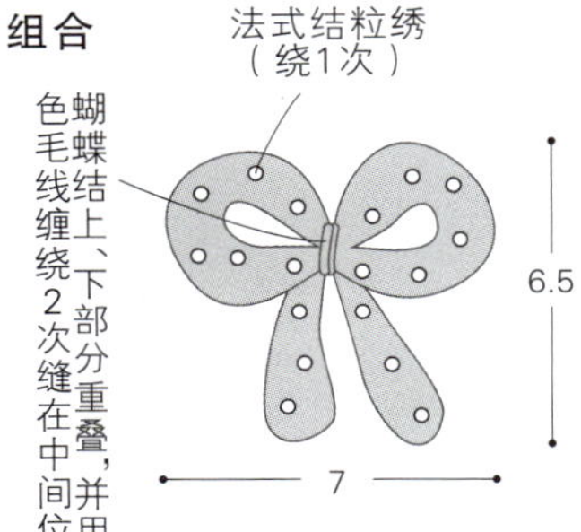

● 编织符号
- ○ = 锁针
- × = 短针
- T = 中长针
- 长针符号 = 长针
- 枣形针符号 = 4针中长针、7针中长针的枣形针
- • = 引拔针
- ◀ = 剪线

花片配色

	a	b	c	d	e
蝴蝶结	焦茶色	淡粉色	绿色	红色	米色
刺绣	灰白色		灰白色		焦茶色

*蝴蝶结b、d、f、j、k、m、o无需刺绣

	f	g	h	i	j	k	l	m	n	o	p
蝴蝶结	蓝色	芥末色	红紫色	焦茶色	淡粉色	绿色	红色	米色	蓝色	芥末色	红紫色
刺绣		灰白色	灰白色		灰白色		灰白色		灰白色		灰白色

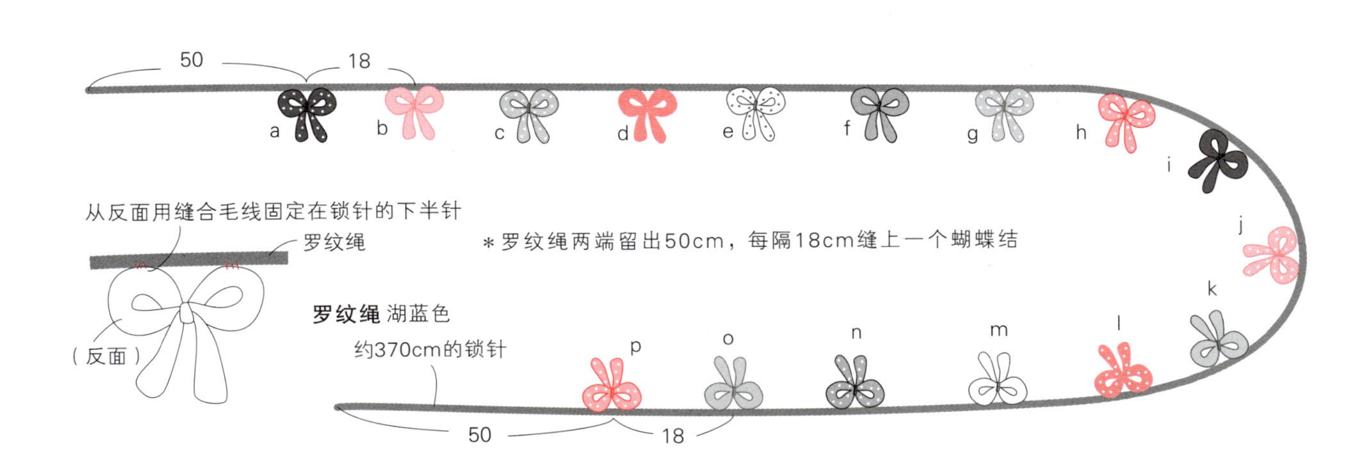

Technique guide

钩针编织基础

钩针起针，锁针

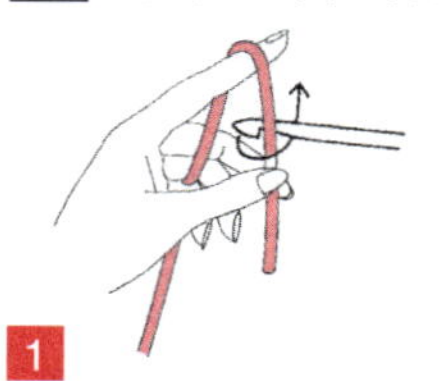

1 将钩针放在毛线外侧，绕成6字形，并做线圈。

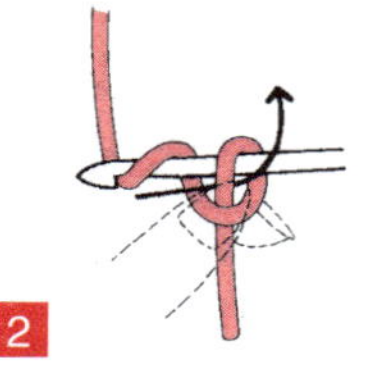

2 用左手中指和大拇指按住，毛线挂在钩针上并拉出毛线。

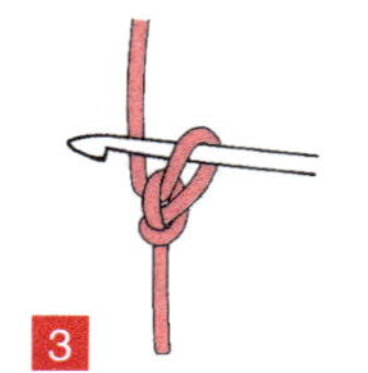

3 钩织后做线圈，拉紧（此次针不能算1针）。

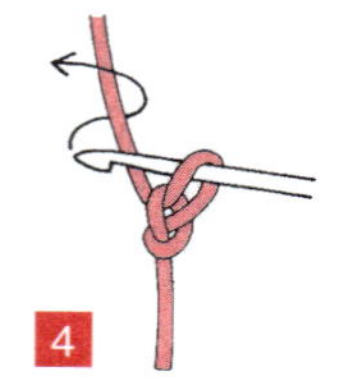

4 如箭头所示，将毛线挂在钩针上。

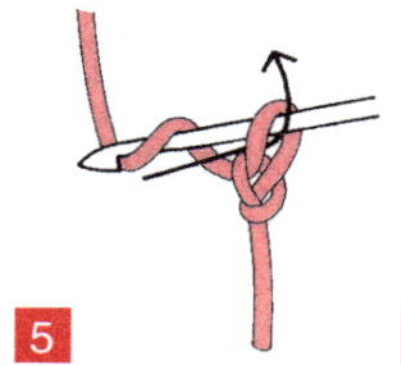

5 拉出毛线。重复步骤4、5。

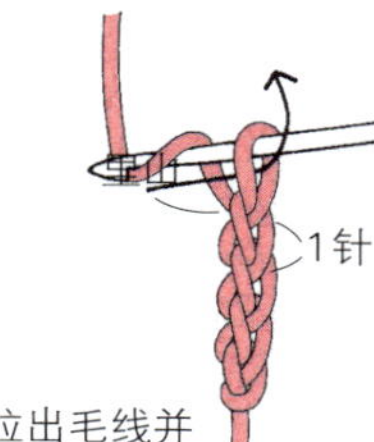

6 一边拉出毛线并钩织需要的起针数。

线圈起针

● 图为短针的情况。即便针数不同也使用相同的钩织方法。

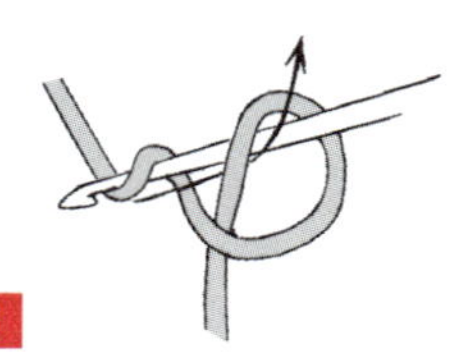

1 按照钩针起针步骤1、2的要领做线圈，将毛线挂在钩针上并拉出。

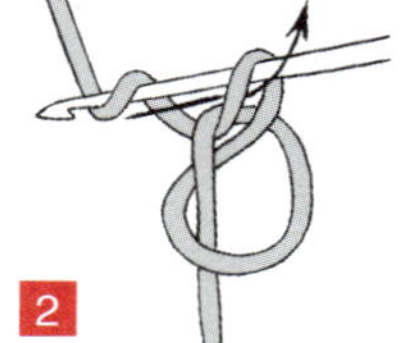

2 继续将毛线挂在钩针上并拉出，钩织1针锁针。

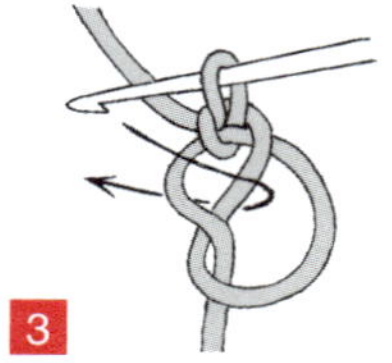

3 如箭头所示，将钩针插入线圈并挑起线圈，钩织1行短针。

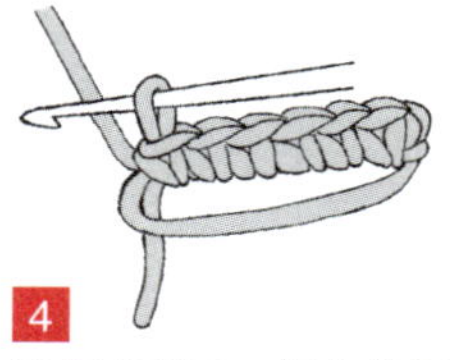

4 重复步骤3，将在线圈内钩织需要的短针针数，沿着毛线圈钩织。

5 拉好编织始点的毛线头，引拔上方的针并做线圈，拉紧线圈 。

短针

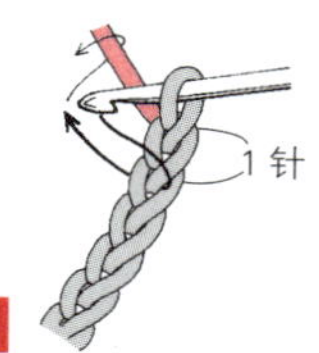

1 钩针如图越过1针锁针插入接下来的1针锁针，毛线挂上钩针并拉出。

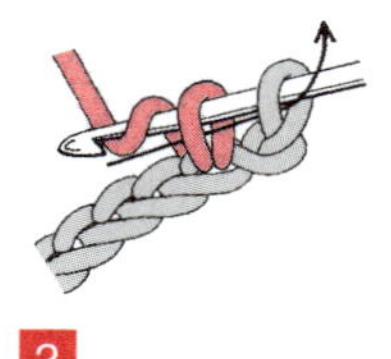

2 再一次将毛线挂在钩针上，一次性引拔出钩针上的2个线圈。

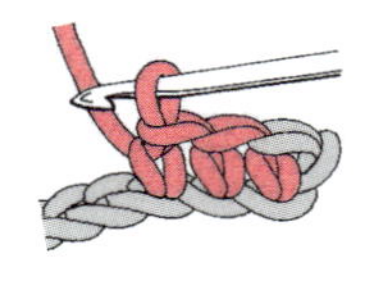

3 重复上述步骤并钩至所需的针数。

中长针

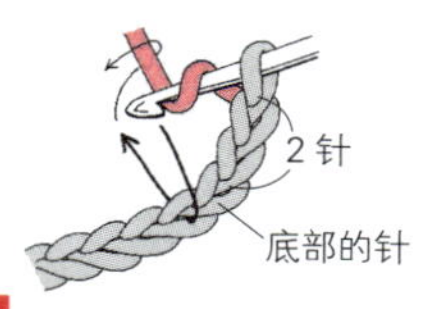

1 钩针如图越过2针锁针和底部的1针，如箭头所示，将毛线绕在针上，并将钩针插入接下来的针内，再次将毛线绕在钩针上并拉出。

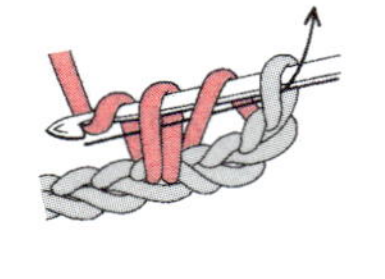

2 再次将毛线绕在钩针上，一次引拔出钩针上的3个线圈。

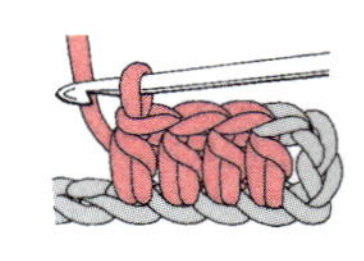

3 重复以上步骤，至所需要的针数。

长针

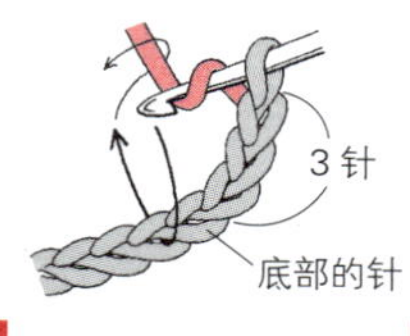

1 钩针如图越过3针锁针和底部的1针，如箭头所示,将毛线绕在针上，并将钩针插入接下来的针内，再次将毛线绕在钩针上并拉出。

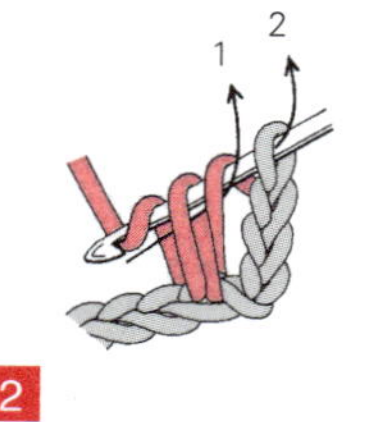

2 再次将毛线绕在钩针上，分2次引拔出在钩针上的2个线圈。

3 重复以上步骤，钩织必要的针数。

长长针

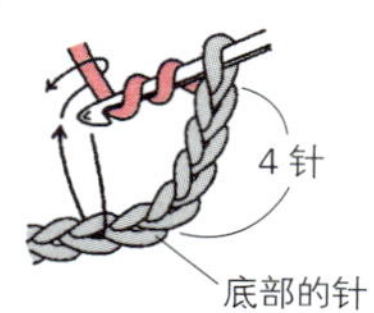

1 钩针如图越过4针锁针和底部的1针，如箭头所示，将毛线绕在针上2次，并将钩针插入接下来的针内，再次将毛线绕在钩针上并拉出。

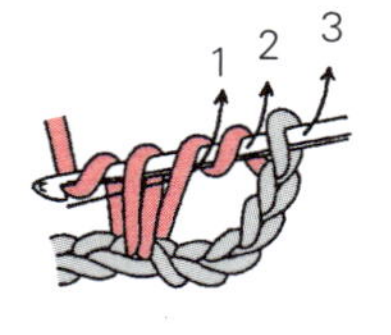

2 再次将毛线绕在钩针上，从钩针上的2个线圈中引拔出。重复该步骤3次。

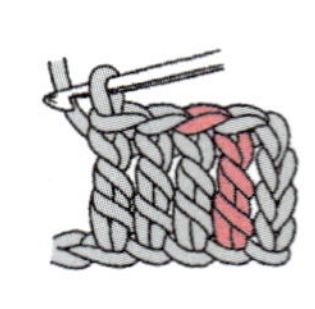

3 重复以上步骤，钩织必要的针数。

三卷长针

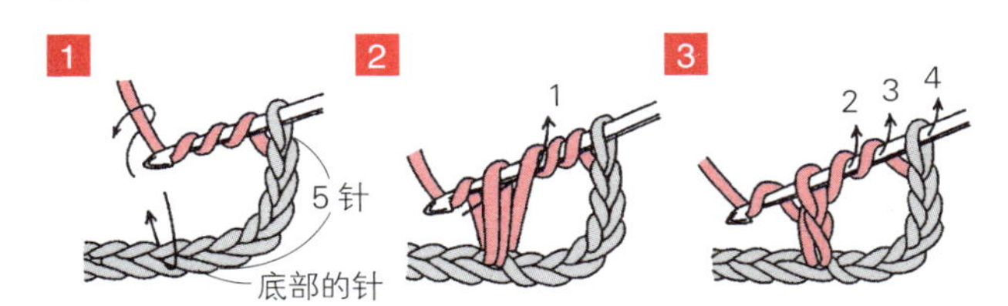

钩针如图越过 5 针锁针和底部的 1 针，如箭头所示，将毛线绕在针上 3 次，并将钩针插入接下来的针目内，再次将毛线绕在钩针上并拉出。再次将毛线挂在钩针上，每隔 2 个线圈引拔 1 次，重复该步骤 4 次。

引拔编织

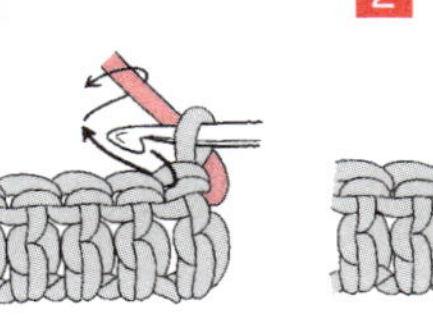
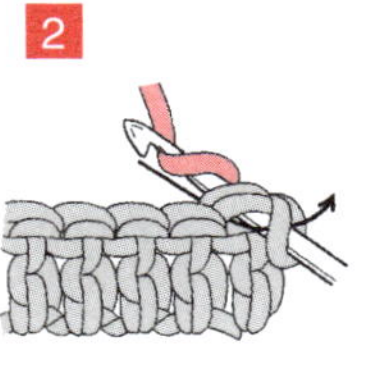
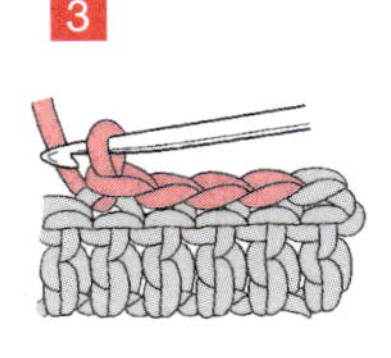

1 立织 1 针锁针，将钩针插入编织终点的针目内。

2 将毛线挂在钩针上，一次性引拔出。

3 重复以上步骤。

短针 2 针并 1 针

●即便针数增加，钩织要领也相同。

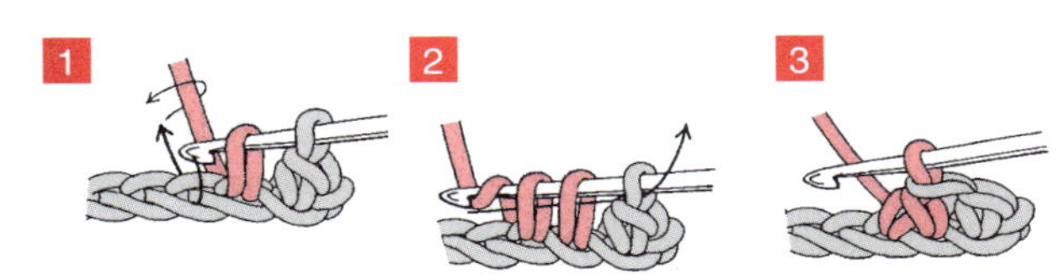

从前行开始每隔 1 针拉出毛线 2 次。将毛线挂在钩针上，一次性引拔挂在钩针上的 3 个线圈。

短针 1 针放 2 针（加针）

●即便针数增加，钩织要领也相同。

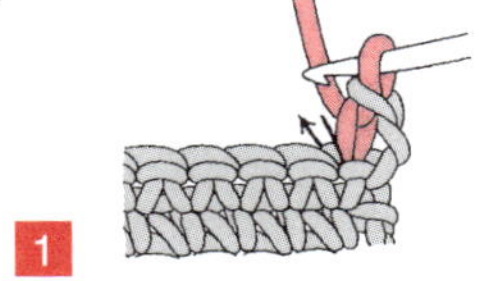
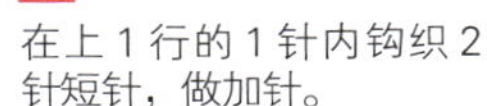
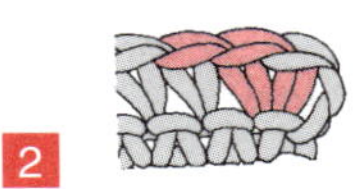

1 在上 1 行的 1 针内钩织 2 针短针，做加针。

2 图为加针后的状态。

短针的棱针和短针的条纹针

●图为短针时的情形。如果是长针的话，钩织要领也相同。

短针的棱针

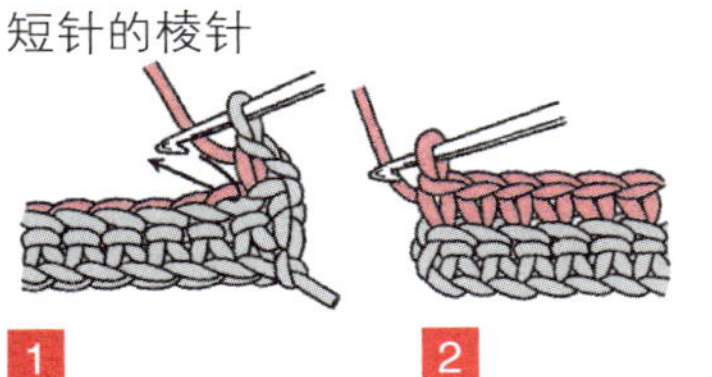

短针的条纹针

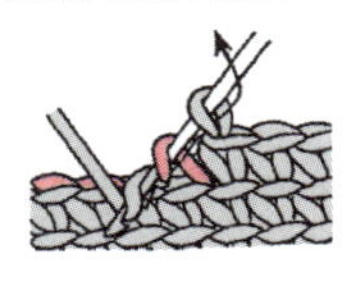

挑起前行的后半针。短针的棱针与短针的条纹针符号相同，但是短针的棱针为来回钩织，短针的条纹针为单方向钩织。

1 针放 2 针长针（加针）

●即便针数增加，钩织要领也相同。

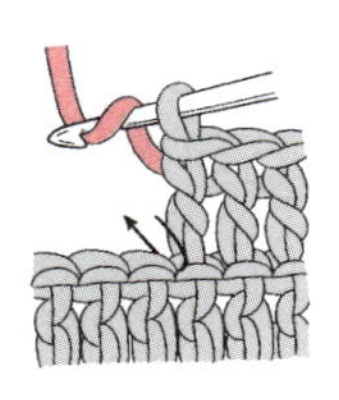
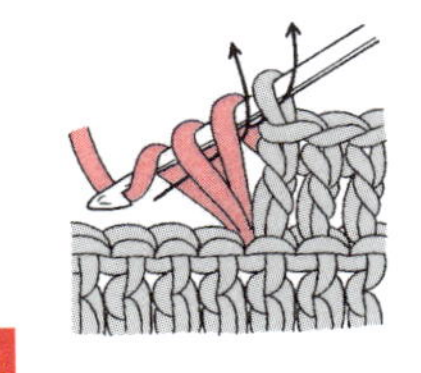

1 钩织 1 针长针，将毛线挂在钩针上，再次从手前方将针插入同一针目内。

2 拉出毛线，再钩织 1 针长针。

3 针中长针的枣形针

●即便针数增加，钩织要领也相同。

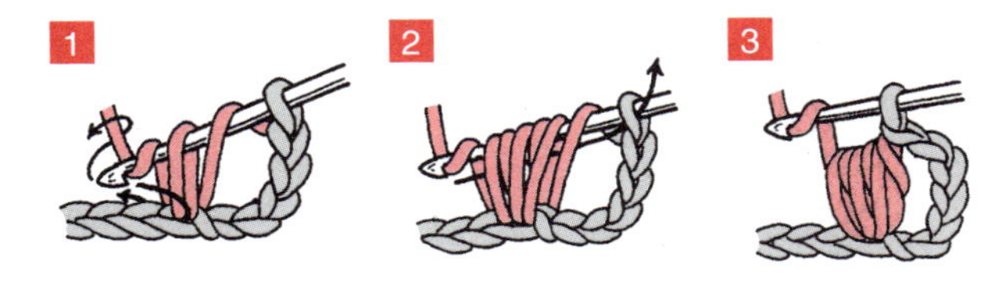

将毛线挂在钩针上，如箭头所示，拉出毛线，重复该步骤 3 次。一次性引拔挂在钩针上的线圈。

3 针长针的枣形针

●即便针数增加，钩织要领也相同。

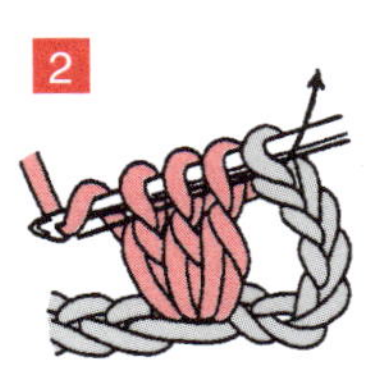

将毛线挂在钩针上，如箭头所示拉出毛线，再将毛线挂在钩针上，只引拔 2 个线圈，重复该步骤 3 次。之后一次性引拔挂在钩针上的 4 个线圈。

3 针锁针的狗牙针

1

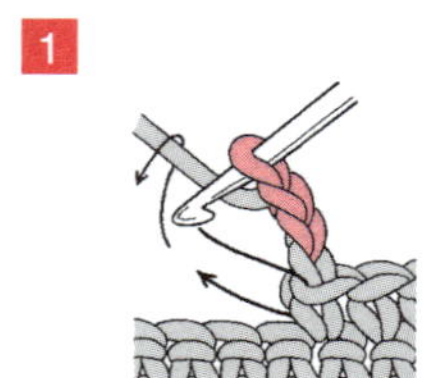

在钩织狗牙针的位置上钩 3 针锁针，如箭头所示，将钩针插入针目内。

2

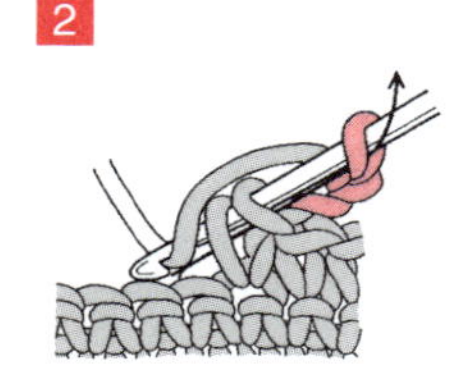

将毛线挂在钩针上，进行一次性引拔时，会做出一个圆形突起环。

3

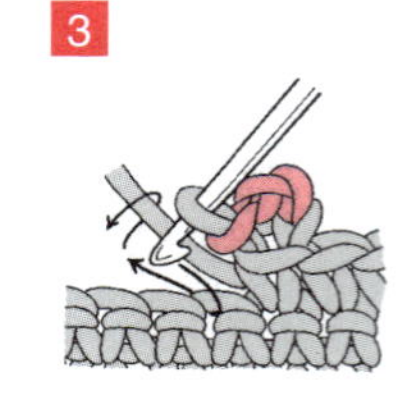

图为钩织狗牙针后的样子。钩织下一针（图为短针）。按照指定的间隔重复钩织的狗牙针。

 长长针的枣形针

● 即便针数改变，钩织要领也相同。

1

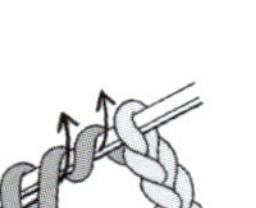

2

3

按照长针的钩织要领，将毛线挂在钩针上 2 次并 1 次拉出毛线，每 2 个线圈引拔 1 次。重复指定的针数，再将毛线挂在钩针上，一次性引拔出钩针上的线圈。

反拉针（短针）

1

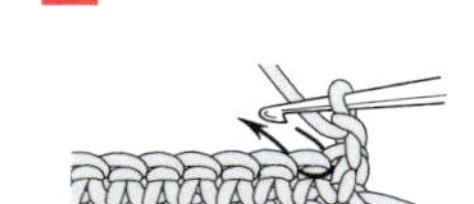

2

3

从前一行针目的后面入针横向挑针，将线放在后面，稍微拉出来一些。然后在钩针上面挂线，按照短针的钩织方法进行钩织。

符号的看法

底部位于同一个针目时

将钩针插入前一行锁针针目里面进行钩织。

底部分开时

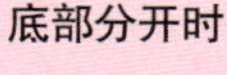

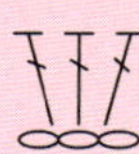

不用将钩针插入前一行锁针针目里面，而是挑起全部锁针进行钩织（整束挑起）。

卷针接缝

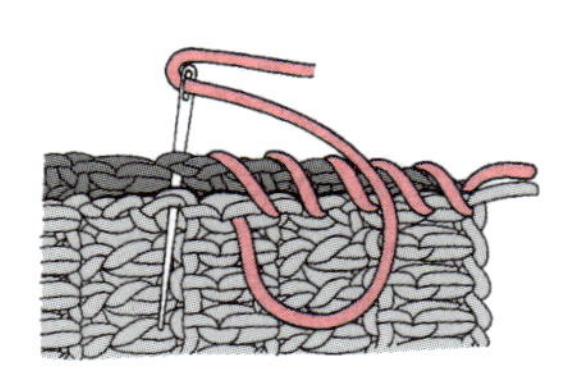

将 2 片织物正面相对，针与针之间也要对齐。由后片入针前片出针，交互缝合长针的中间和顶部的针目，注意不要移动织片，以免针目错位。

卷针钉缝

[半针]

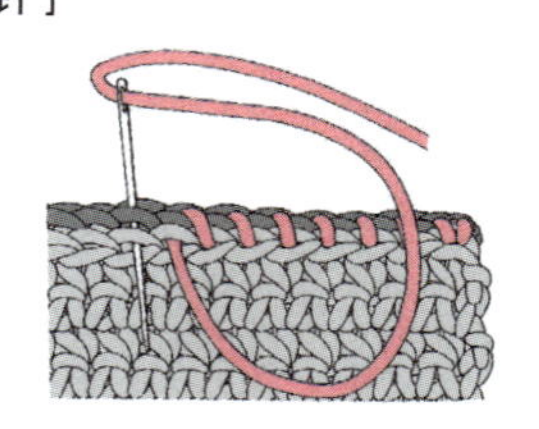

[1 针]

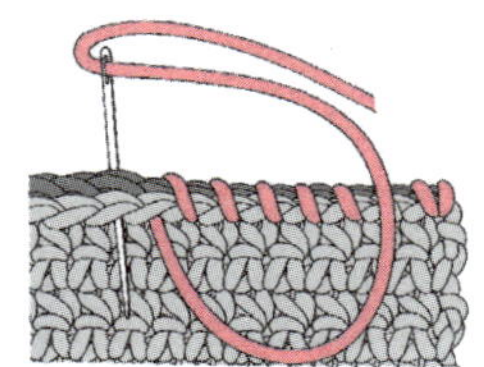

重复挑起前侧与相对一侧的针（本作品中为 1 针或者半针）。

花片的连接方法

● 使用引拔针

钩织第 1 朵花片。在指定位置从第 1 朵花片上方开始穿针，引拔钩织连接第 2 朵花片，毛线与毛线之间要紧致。下一针按照图示的方法继续钩织。

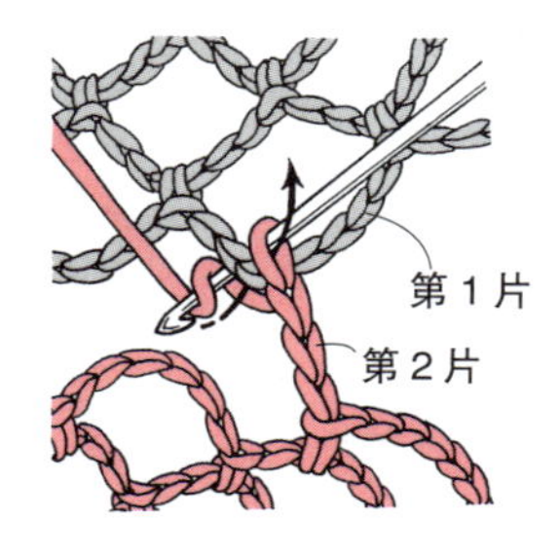

● 使用卷针钉缝连接

对齐所有花片，挑起对齐的针目，将毛线一点一点拉进针目内。横向全部连接好后再纵向连接。如果用同色毛线进行连接时，如图所示，将针放入 4 朵花片的中间位置，不需要预留空隙。

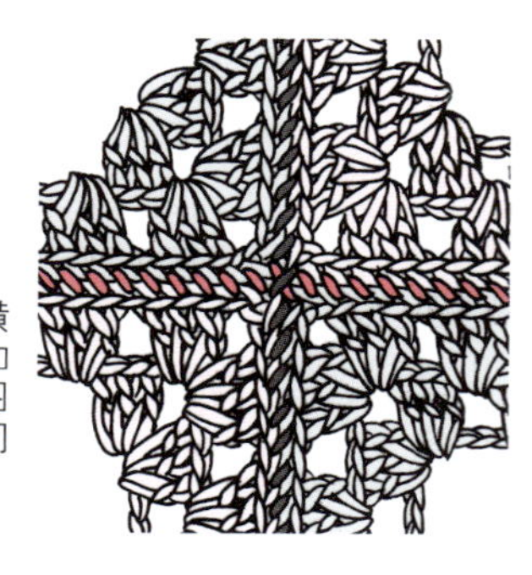

棒针编织基础

手指起针（将毛线绕在手指上）

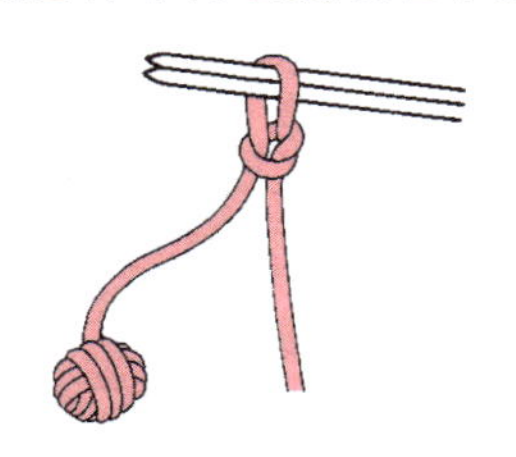

1 线头端留出编织成品 3.5 倍的长度，做线圈，将毛线挂在右边棒针上作为 1 针。

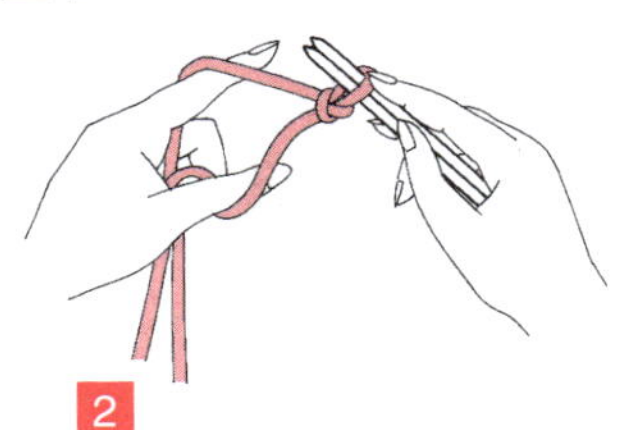

2 将短端毛线挂在大拇指上。

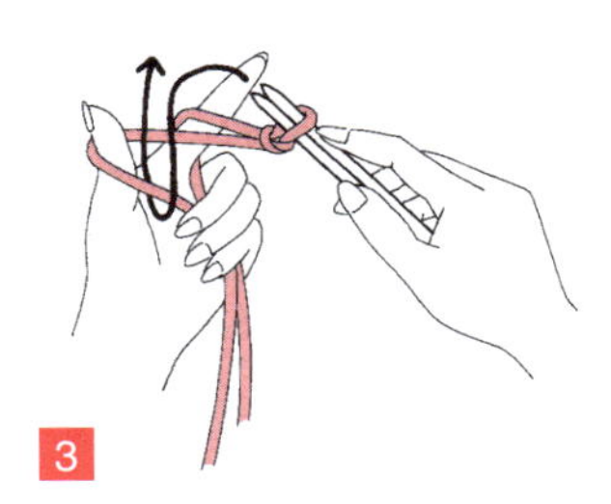

3 如箭头所示，从大拇指一侧插放入棒针。

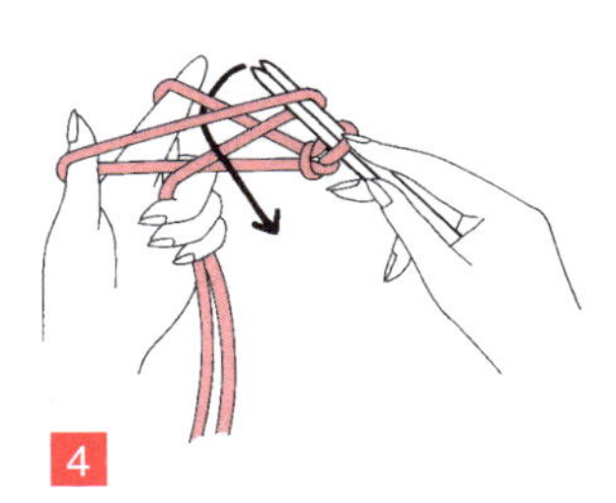

4 如箭头所示，用棒针挑起挂在食指上的毛线。

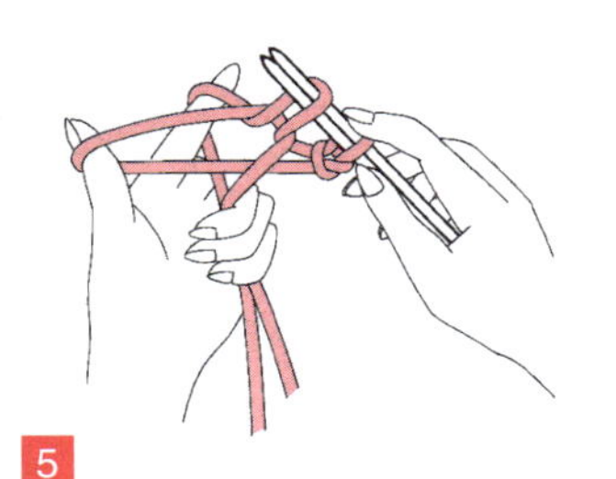

5 抽出毛线。

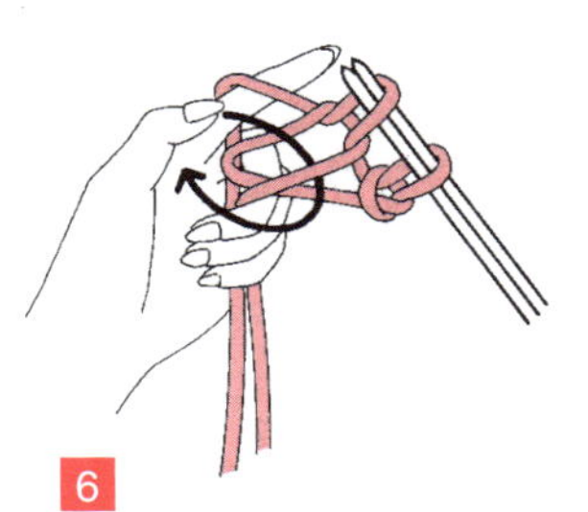

6 抽出大拇指拉紧毛线。

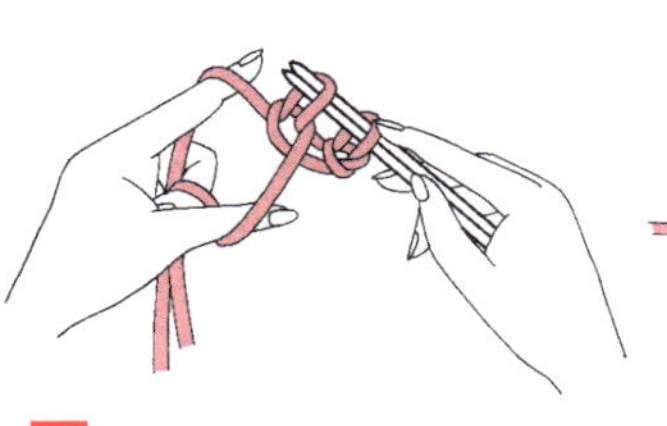

7 图为起好第 2 针的样子。重复步骤 2 ~ 6。

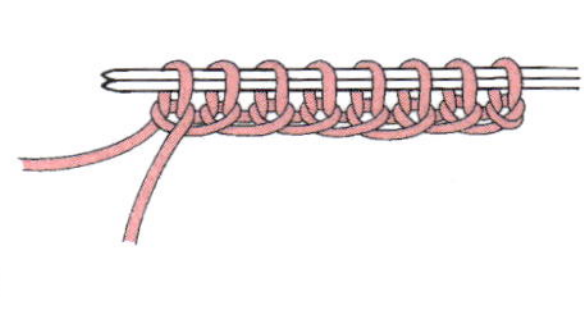

8 运用这个起针要领，起出必要的针数。

另线起针

[另线起针]

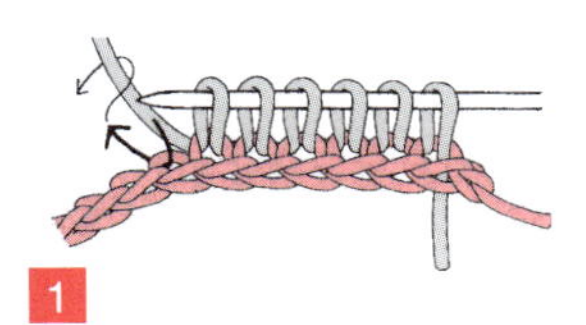

1 另线锁针起针比实际需要针数多 10 针左右（由于两端的针难以挑起），棒针从锁针的反面挑针。
※ 从编织终点开始挑起

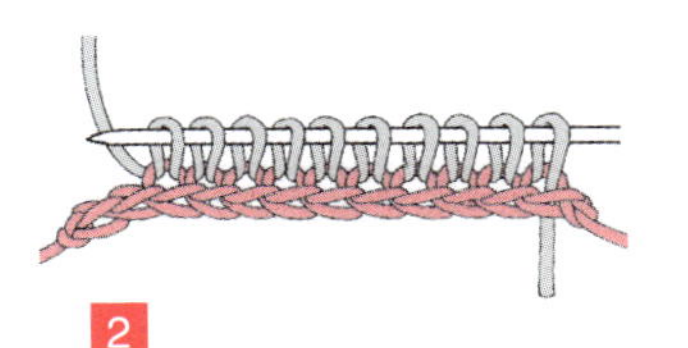

2 重复挑针至必要的针数，此为第 1 行。按照图片所示，编织第 2 行。

[挑针]

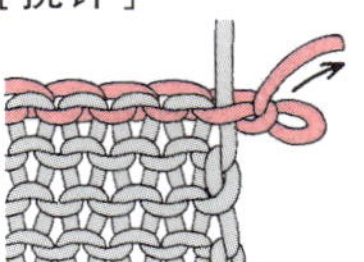

1 从锁针编织终点开始，如图所示，逐一拆开针。
※ 必须从编织终点拆开锁针

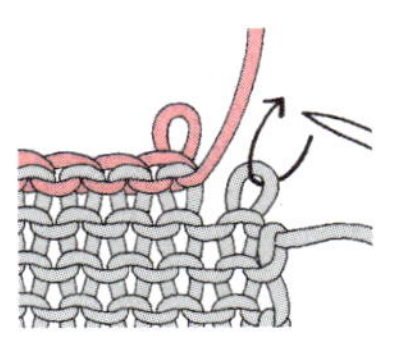

2 用棒针一边拆开锁针一边挑针目。

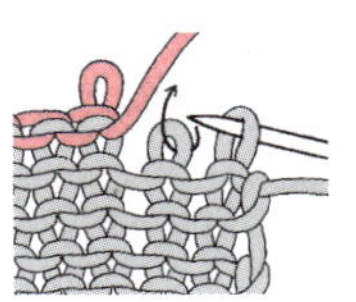

3 挑起与起针相同数目的针数。

● 伏针（伏针收针）

[正面]

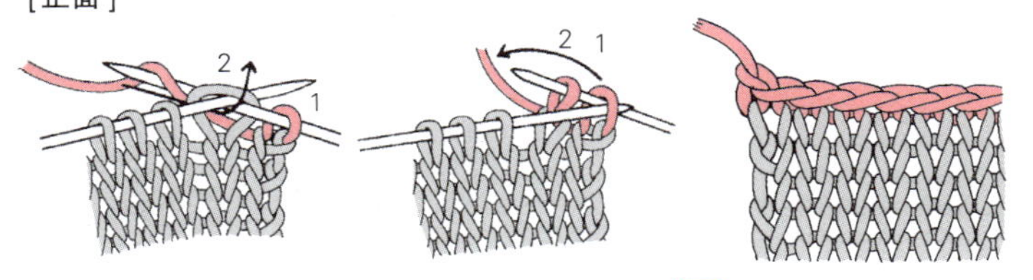

1 编织2针下针。

2 第 1 针盖住第 2 针。

3 下一针织下针，每次上一针都要盖住下一针。重复上述操作。

[反面]

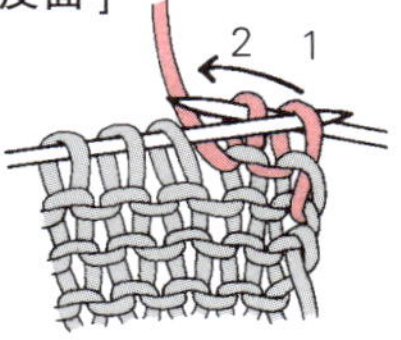

1 编织 2 针上针，第 1 针盖住第 2 针。

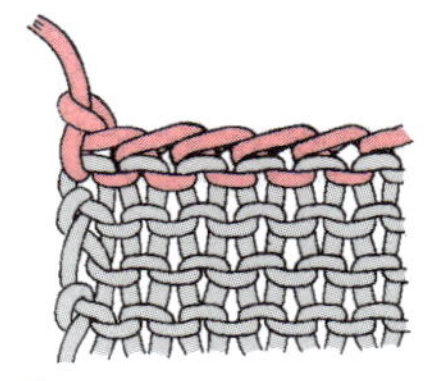

2 下一针织上针，每次上一针都要盖住下一针。重复上述操作。

丨 下针

1
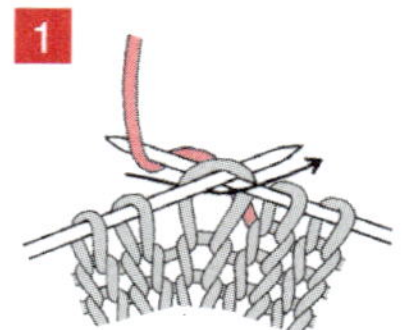
将毛线放在织片后。将右针如箭头所示插入左针针目，毛线从下向上挂在右针上端。

2
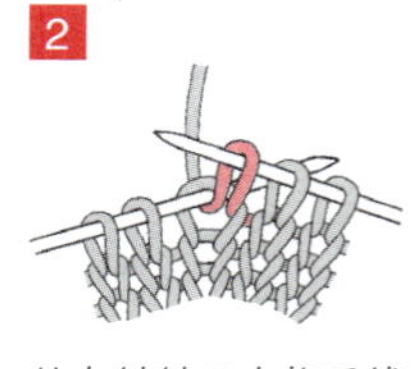
从左针针目中将毛线抽出。

3
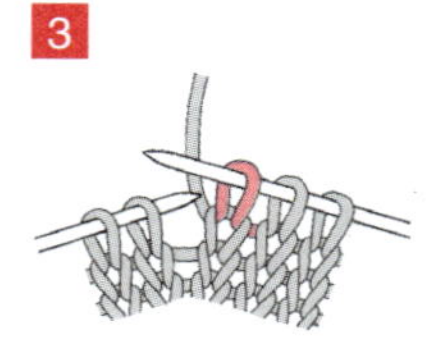
将左针抽出后如图，完成 1 针下针编织。

一 上针

1
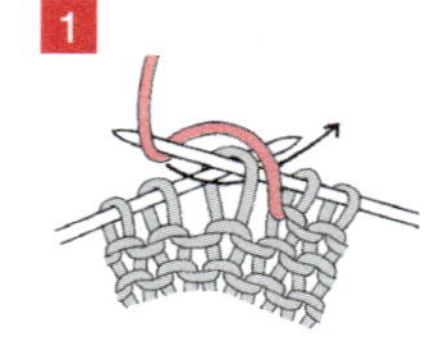
将毛线放在织片前。将右针如箭头所示插入左针针目，毛线从上向下挂在右针上。
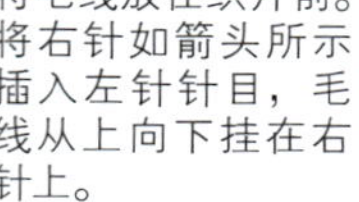

2
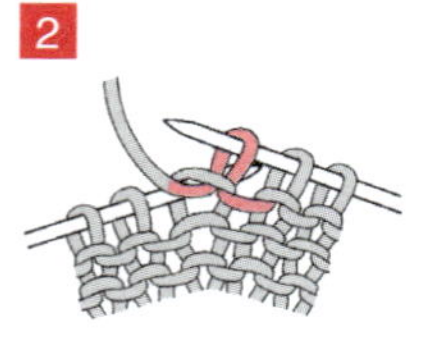
从左针针目中将毛线抽出。

3
将左针抽出后如图，完成 1 针上针编织。

右上 2 针并 1 针

1
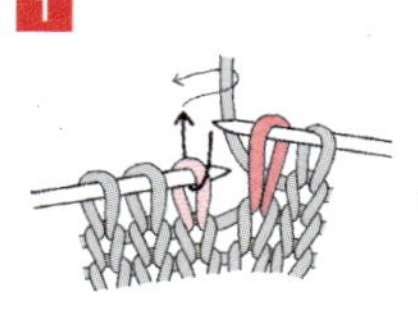
将针目移到右针上，下一针编织下针。

2
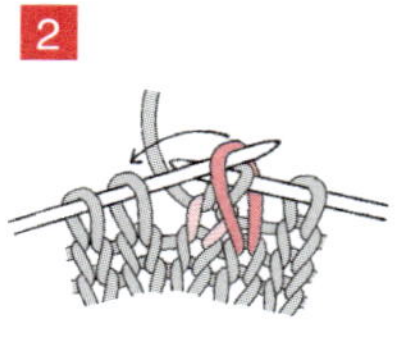
用左针挑起右侧的针目，将左侧的针目盖住。

3
右上 2 针并 1 针完成。

左上 2 针并 1 针

1
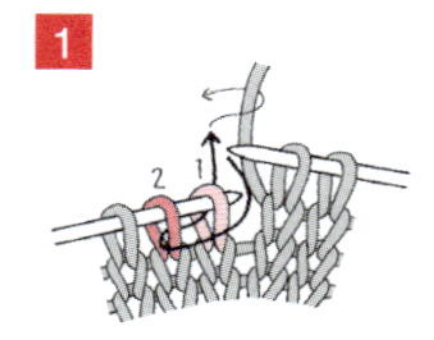

如箭头所示右棒针插入针目 1、2 中。

2
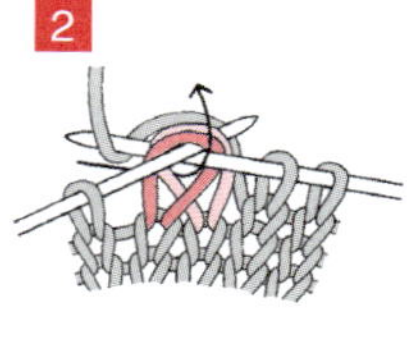
2针一起织下针。

3
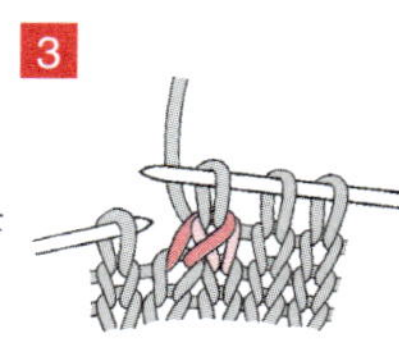
左上 2 针并 1 针完成。

右上 2 针并 1 针（上针）

1
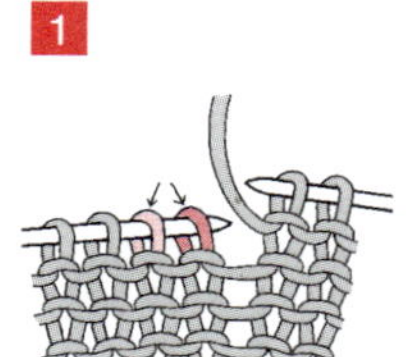
左针的 2 针。

2
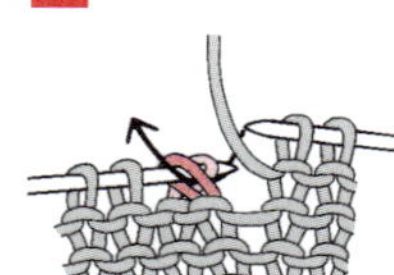
如箭头所示，一起织上针。

3
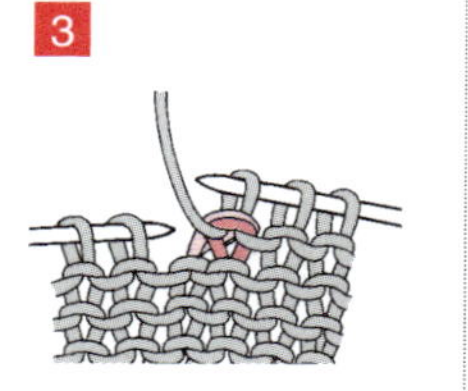
上针的右上 2 针并 1 针完成。

左上 2 针并 1 针（上针）

1
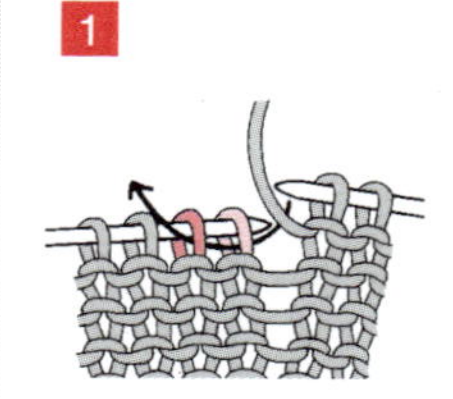
如箭头所示插入右针。

2
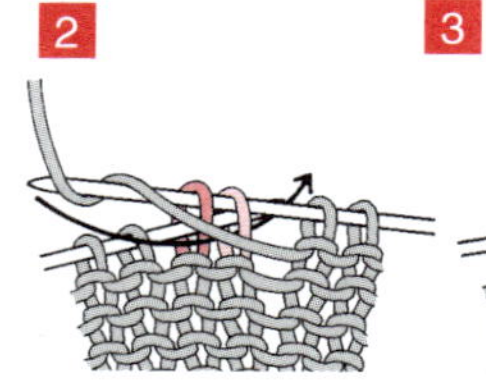
2针一起织上针。

3
上针的左上 2 针并 1 针完成。

O 挂针

1
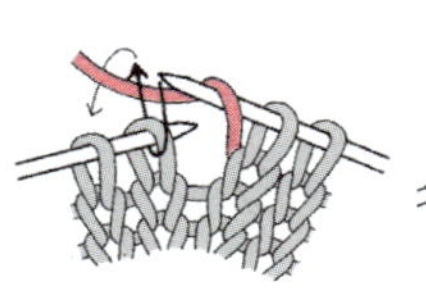
将毛线挂在右针上，用右手食指压住挂上的毛线，右针如图插入针目。

2
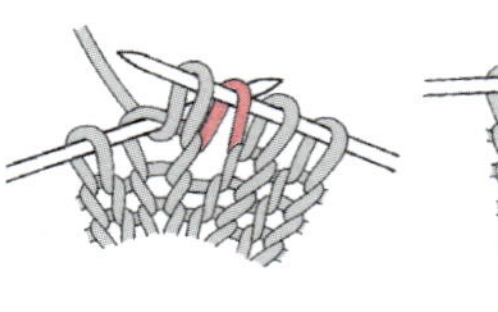
编织下针。步骤 1 挂好的毛线就变成了挂针。

3
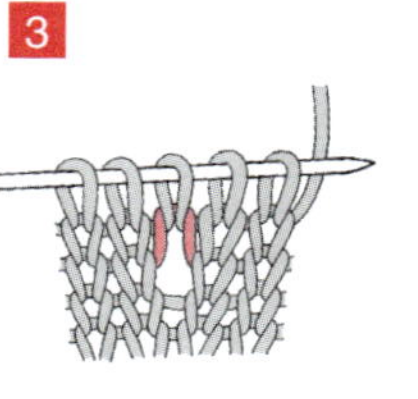
下行编织挂针（图为下针），留出一个孔。

中上 3 针并 1 针

1
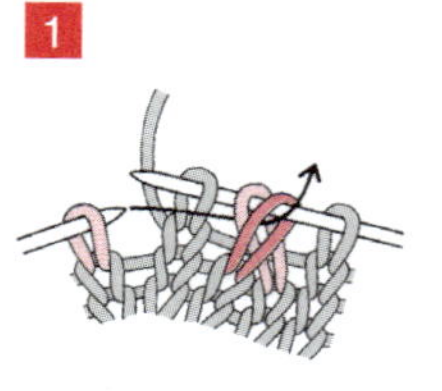
按照左上 2 针并 1 针（步骤 1）的编织要领将右针插入左针前 2 个针目内，移到右针上，下一针织下针。
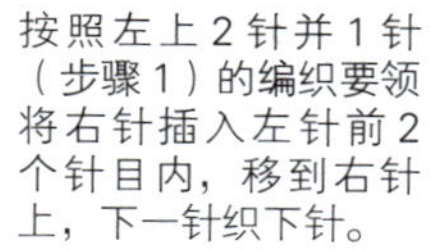

2
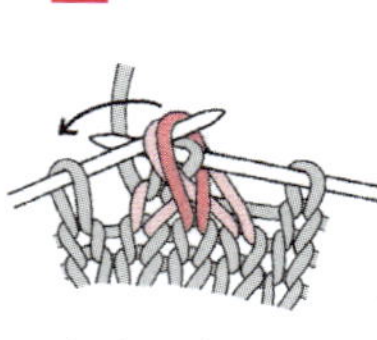
将移到右针上的 2 针覆盖至完成的下针上。

3
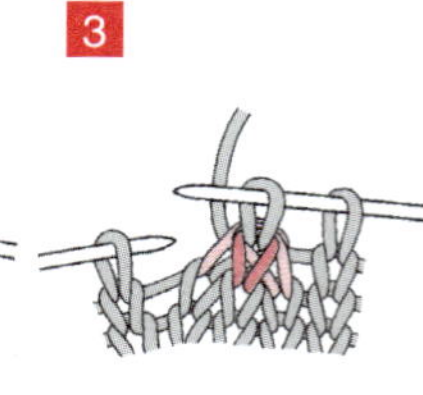
中间的针再重叠覆盖在上方。

扭针

1

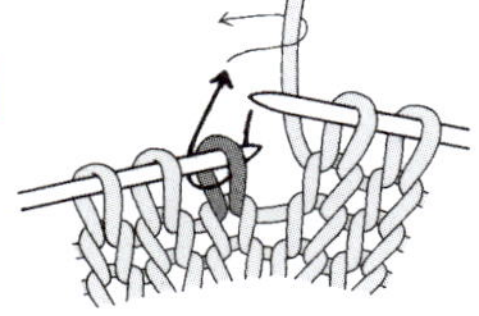

如箭头所示将右针插入针目内，按照下针编织要领进行编织。

2

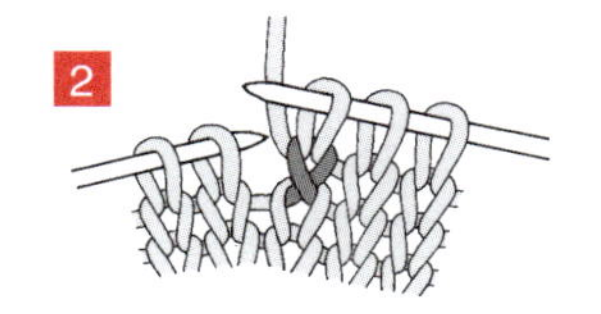

扭针的根部。

扭加针（在针与针之间加针）

●编织符号与扭针相同。

1

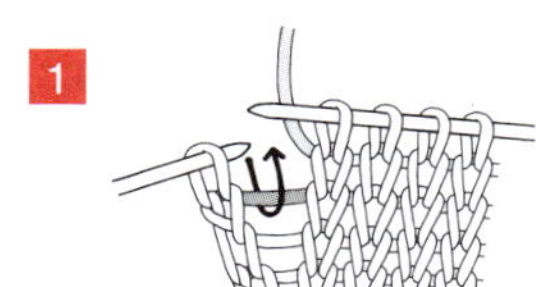

用左针挑起箭头所示处的连接毛线。

2

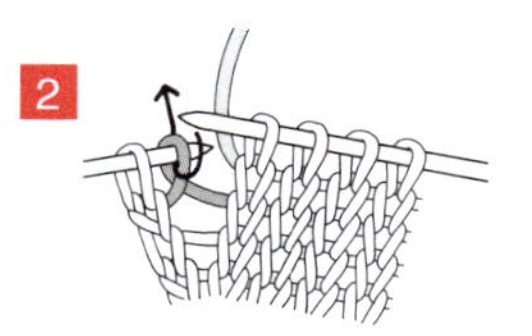

如箭头所示，编织下针。

用钩针钩织枣形针

●图为长针的枣形针，即便枣形针种类不同，钩织方法也相同。

1

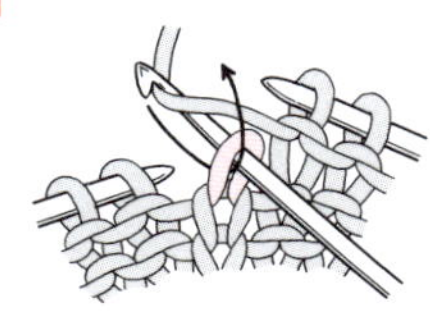

在指定位针目插入钩针，将钩针挂线并拉出。

2

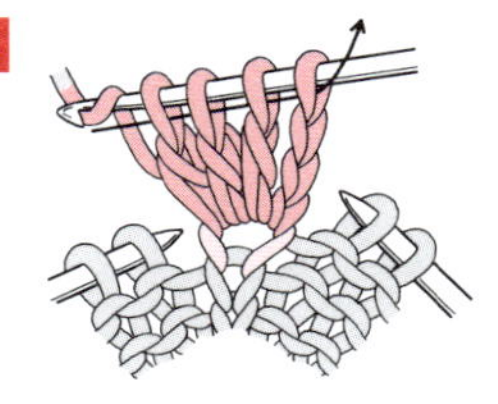

完成3针锁针，钩织3针长针后将钩针挂线，引拔出所有的线圈。

3

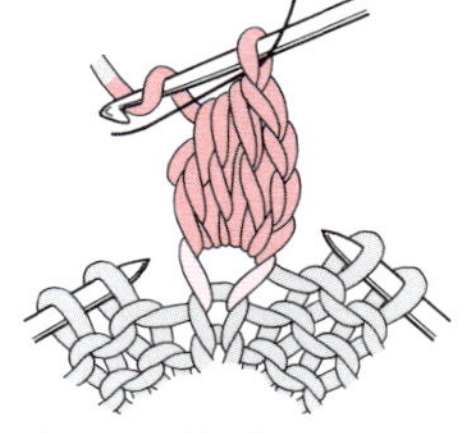

将毛线挂在针上引拔，拉紧。

4

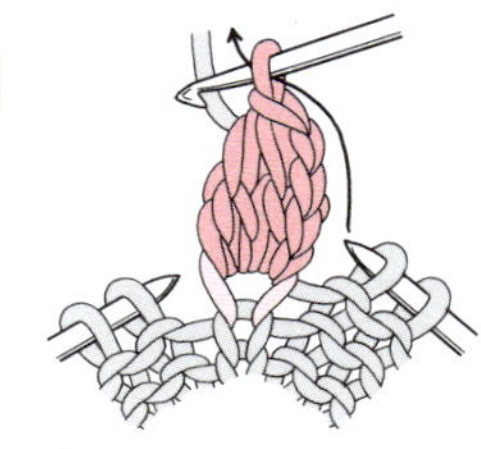

将此针转移到右针上，从下一针开始按照编织图进行编织。

加入花样的编织方法

●按照步骤1、3的编织要领进行编织。

1

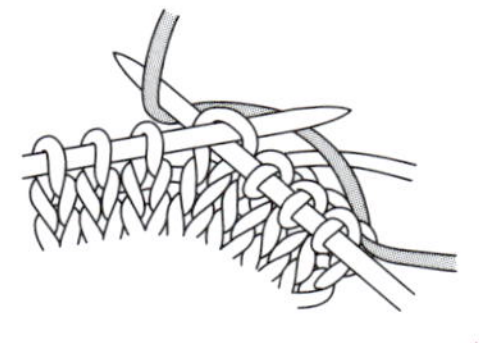

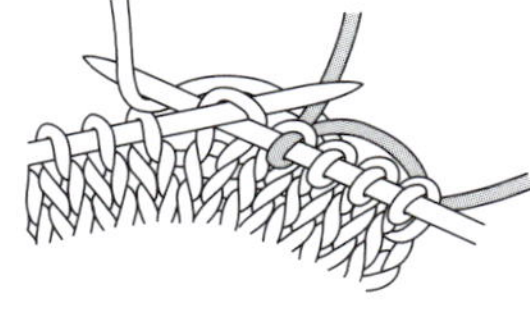

配色毛线（深色）夹在基础毛线中间，从编织始点进行编织，一直编织至指定位置，毛线要在织物的反面。用配色毛线编织时，基础毛线在下方；用基础毛线编织时，配色毛线在上方，拉好渡线编织。

2

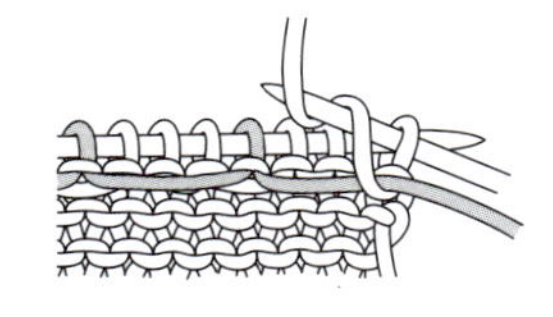

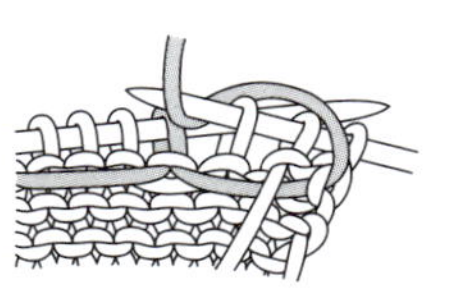

将配色毛线拉到一端作为下一行的编织始点，配色毛线要夹在基础毛线内，与正面编织方法一样，用配色毛线编织时，基础毛线在下方；用基础毛线编织时，配色毛线在下方，拉好渡线编织。

3

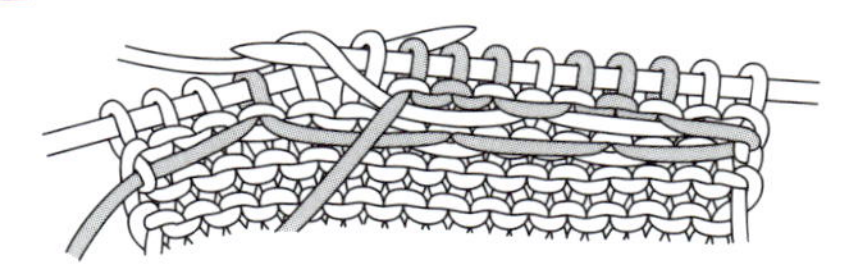

注意反面的渡线不要拉得过紧。渡线的连接方法可以是基础毛线在上，配色毛线在下。如果上下统一的话，毛线的结就会变少。

加入另线的方法

1

另线编织必要的针数（不止1行）

2

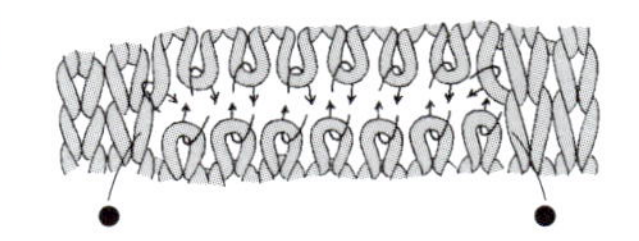

拆开另线并挑针。从上下两个方向挑针，针目不足时从两端扭转针目挑针。

休针

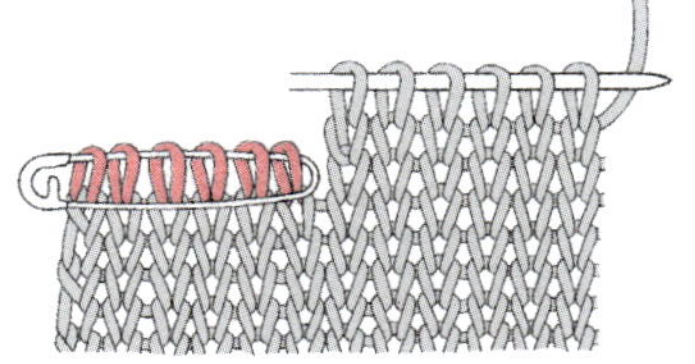

休针时如果使用另线或者别针的话，编织起来会方便一些。

单罗纹针收针

1

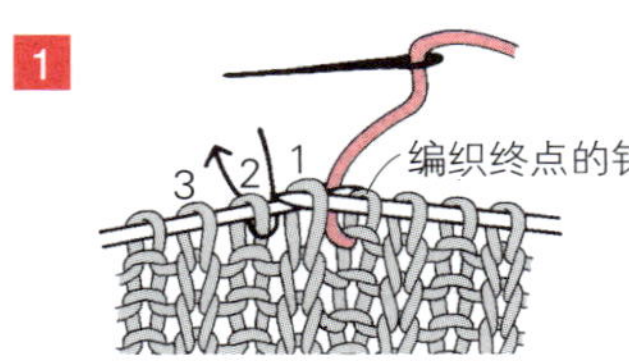

将针目 1 移至右针，从针目 2 前面插入手缝针。

2

从针目 1 前面入针，跳过针目 2 从针目 3 的后面向前面出针。

3

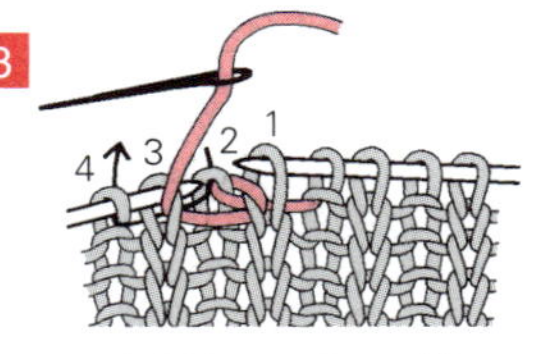

将从跳过的针目 2 后面入针，然后从针目 4 的前面向后面出针。

4

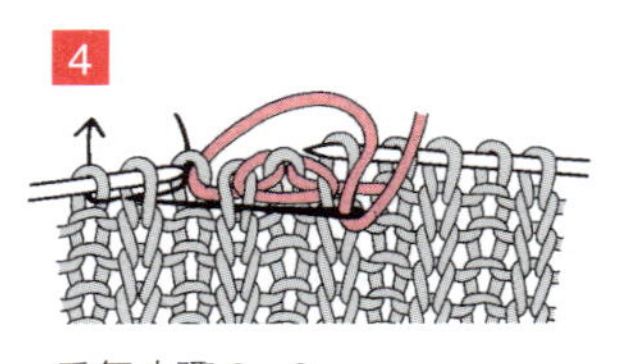

重复步骤 2、3。

※ 下针时从前面入针向前面出针，上针时从后面入针向后面出针

5

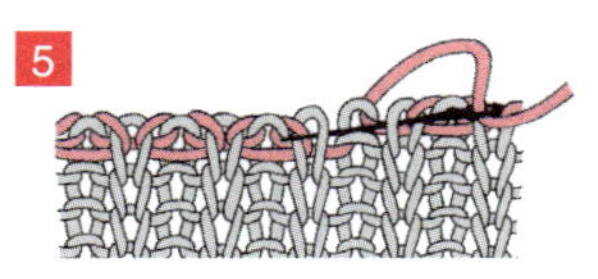

编织一周，收针终点的位置要将针穿入最开始的上针。

6

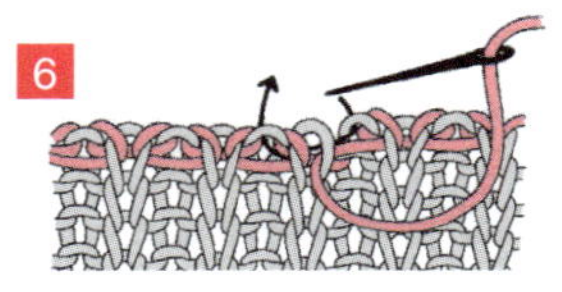

挑起编织终点的针与上针 2，收针。

挑针缝合

1

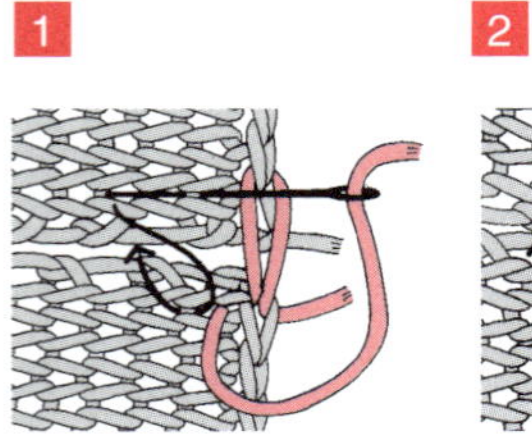

2

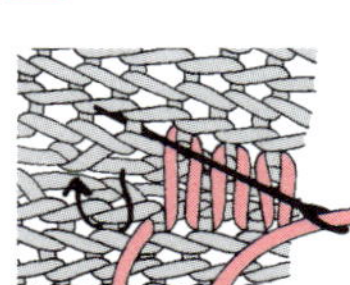

3

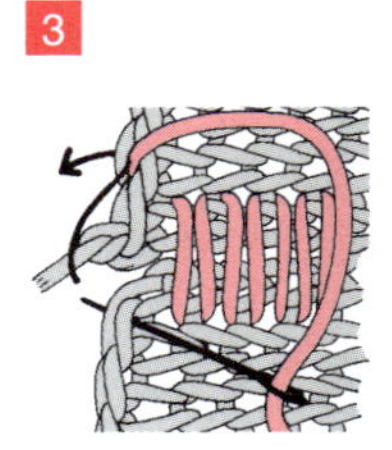

将织物正面朝上，每一行相互挑起 1 针内侧的针目与针目之间的渡线。每隔 10 行左右就拉紧钉线，与织物恰好连接在一起。

锁针缝

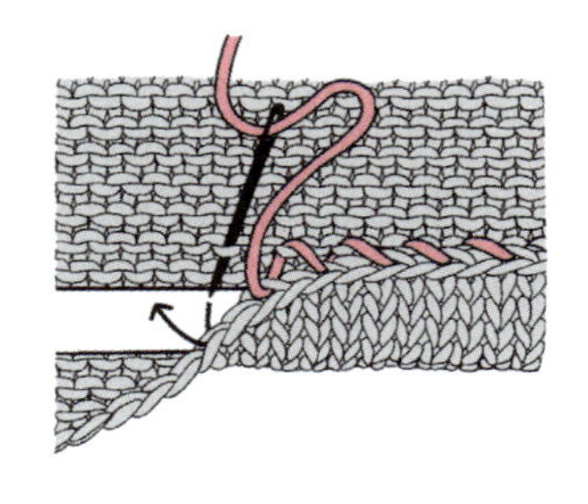

分开后面向下的针目，插入手缝针。然后从后面向前面插入前面针目内侧半针。隔 1 针重复 1 次，注意卷针缝时不要挂到正面。

下针钉缝

[休针与休针的钉缝]

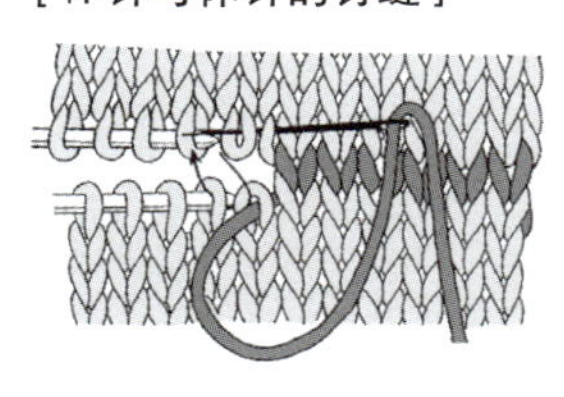

[伏针与休针的钉缝]

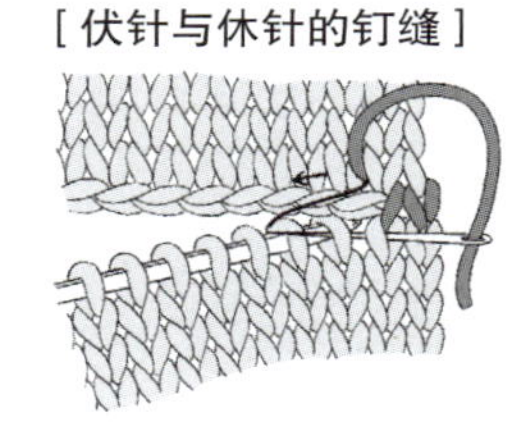

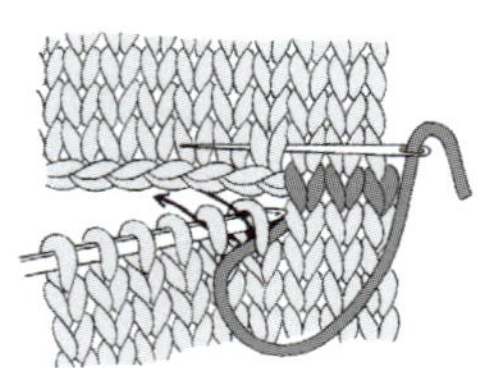

将针目与针目对齐，上侧织片挑起 V 字，手侧织片挑起八字。毛线的粗细要与织片的针目大小适应。

针与针的缝合

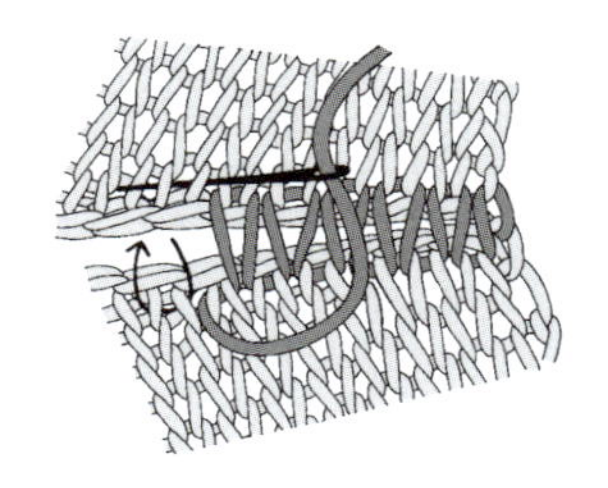

按照下针钉缝的要领，挑起伏针最终行的针，1 针 1 针对齐进行缝合。拉紧缝合毛线，尽量隐藏好缝合的针目。

下针刺绣

[横向刺绣]

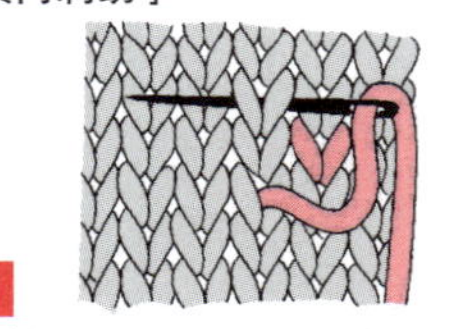

1 手缝针从 V 字形下方穿过，挑起 1 行上方的 V 字。

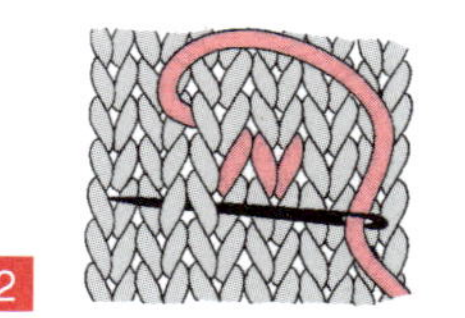

2 手缝针回到原先入针的位置，挑起八字形。重复上述步骤。

[纵向刺绣]

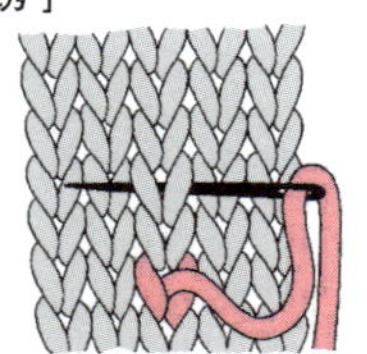

1 手缝针从 V 字形下方穿过，挑起 1 行上方的 V 字。

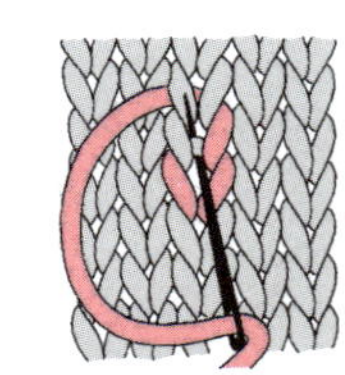

2 手缝针回到原先入针的位置，挑起八字形。重复上述步骤。

刺绣基础

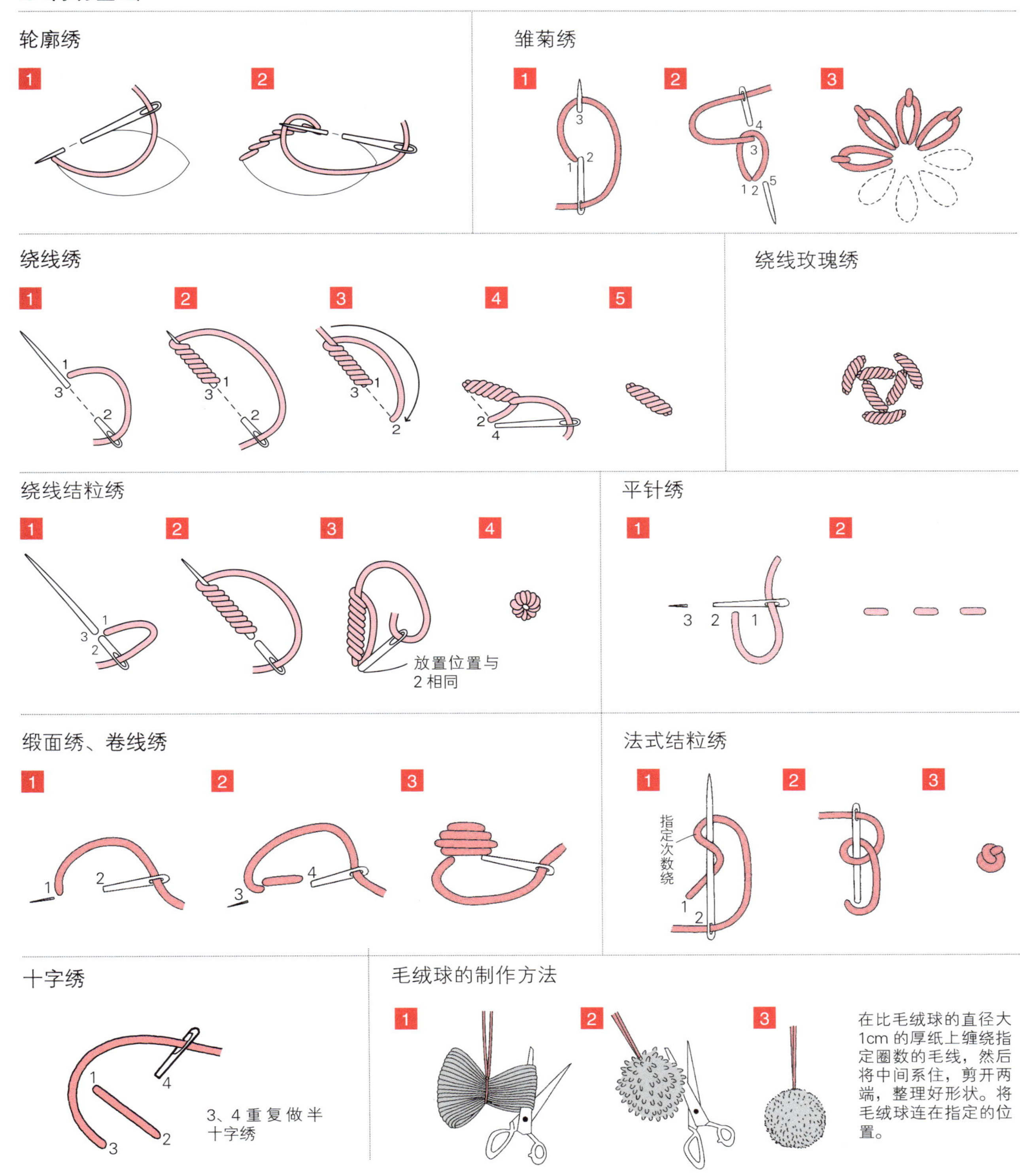
轮廓绣
雏菊绣
绕线绣
绕线玫瑰绣
绕线结粒绣
放置位置与
2 相同
平针绣
缎面绣、卷线绣
法式结粒绣
指定次数绕
十字绣
3、4 重复做半
十字绣
毛绒球的制作方法
在比毛绒球的直径大
1cm 的厚纸上缠绕指
定圈数的毛线，然后
将中间系住，剪开两
端，整理好形状。将
毛绒球连在指定的位
置。

图书在版编目（CIP）数据

零线头钩织的美丽配色小物 /（日）了戒加寿子著；王慧译.—郑州：河南科学技术出版社，2015.10
ISBN 978-7-5349-6056-7

Ⅰ.①零… Ⅱ.①了… ②王… Ⅲ.①钩针－编织－图集 Ⅳ.①TS935.521-64

中国版本图书馆CIP数据核字（2015）第204073号

出版发行：河南科学技术出版社
地址：郑州市经五路66号　邮编：450002
电话：（0371）65737028　65788613
网址：www.hnstp.cn
策划编辑：刘　欣
责任编辑：刘　欣
责任校对：耿宝文
封面设计：张　伟
责任印制：张艳芳
印　　刷：北京盛通印刷股份有限公司
经　　销：全国新华书店
幅面尺寸：190 mm × 240 mm　印张：6　字数：100千字
版　　次：2015年10月第1版　2015年10月第1次印刷
定　　价：36.00元